모터 제어 및 디지털 모션 제어 시스템

메카트로닉스

류정래 저

D.B.Info

머리말

메카트로닉스는 단순하게는 기계공학과 전자공학의 접목 형태로 이해할 수도 있으며, 세부적으로는 전자회로, 기계공학, 소프트웨어 프로그래밍, 제어공학 등 다양한 분야가 하나로 융합된 형태이다. 따라서 한 권의 책으로 메카트로닉스 전체 분야를 이해하는 것은 불가능한 일이며 본 교재에서는 모터 제어 및 디지털 모션 제어 시스템으로 분야를 한정하였다. 메카트로닉스와 관련된 모든 내용을 백과사전식으로 나열하기보다는 모터 제어와 관련된 내용을 심도있게 다루어 디지털 모션 제어 시스템의 구현에 도움이 되도록 교재를 구성하였다.

반도체 기술 및 이를 기반으로 하는 임베디드 시스템 분야의 급속한 발전은 거의 대부분의 산업 분야에 영향을 미치고 있으며, 메카트로닉스 분야도 예외는 아니다. 마이크로프로세서와 FPGA 등의 디지털 기술을 활용함으로써 과거에는 구현이 불가능하였던 기능도 매우 용이하게 구현할 수 있게 되었다. 하지만, 디지털 모션 제어 시스템 구축에 필요한 내용들이 전기전자계열 학과 교과과정에서 서로 다른 교과목에서 다루어지고 있는 관계로 다양한 분야의 지식을 디지털 모션 제어 시스템에 적용하는 방법을 학습할 필요가 있다. 본 교재에서는 DC 모터, RC서보, 스테핑 모터, 그리고 BLDC 모터 등 4가지 소형 모터에 대하여 각각 모터의 구조, 구동 원리, 구동회로, 제어시스템의 구조, 그리고 디지털 제어 시스템 구축을 위한 MCU F/W와 FPGA 활용 방법을 다룬다. FPGA를 활용하기 위해서는 VHDL 등의 HDL을 학습하여야 하는데, 본 교재에서는 Verilog HDL를 사용하였으며, 부록에는 FPGA 활용을 위한 Verilog 코딩에 대하여 요약하였다.

본 교재는 C 프로그래밍, 마이크로프로세서, 디지털 논리회로, FPGA, 전자회로, 그리고 제어공학을 배운 학생들을 대상으로 강의하기에 적합하며, 마이크로프로세서를 기반으로 하는 모터 제어 시스템을 활용한 실습 및 프로젝트를 병행한다면 보다 좋은 성과를 거둘 수 있다. 학부 과정의 강의에 적용한다면 각종 모터의 구조와 구동 원리를 학습하고, 별도의 실습 시스템에서 마이컴 F/W 프로그래밍을 통하여 모터 제어를 위한 피드백 제어기를 구현하는 내용이 적합하며, 석사 과정의 강의에 활용한다면 제어 목적에 따른 제어 시스템의 구조 및 FPGA RTL 코딩까지 포함하여 전체 디지털 모션 제어 시스템을 구현하는 프로젝트로 진행하는 것이 적합하다고 본다.

처음 집필을 시작할 때는 지금까지 필자의 경험을 바탕으로 모션 제어 시스템의 구축에 필요한 모든 내용을 반영하고자 하였다. 하지만, 지식과 생각을 글로 표현하는 것이 이해하는 것과는 다른 일이어서 원고 작업을 마무리하는 시점에서는 많이 부족함이 느껴진다. 다만, 이 책의 독자는 필자가 경험했던 시행착오를 동일하게 겪지 않았으면 하는 바램을 가져본다.

2012년 여름 류정래

차례

CHAPTER 1 메카트로닉스와 모션제어시스템

CHAPTER 2 DC 모터

CHAPTER 3 RC 서보모터

CHAPTER 4 스테핑 모터

CHAPTER 5 BLDC 모터

부록 Verilog 활용

메카트로닉스와 모션 제어 시스템

CHAPTER 1

1.1 메카트로닉스 소개

현재 메카트로닉스(Mechatronics)라는 용어는 산업계 및 학계를 포함한 다양한 분야에서 폭넓게 사용되고 있다. 메카트로닉스는 전통적인 공학 분야인 전기공학과 전자공학, 기계공학 그리고 화학공학 등과는 다르게 여러 이질적인 학문 분야가 융합되어 하나의 새로운 분야를 이룬 것이다.

메카트로닉스에 대한 정의는 사전적으로 정해지지 않았으며 관련자들 간에 약간씩 다른 정의를 사용하고 있다. 몇 가지를 원문 그대로 소개하면 다음과 같다.

- The synergistic combination of mechanical engineering, electronic engineering, and software engineering - Wikipedia
- The interdisciplinary field of engineering dealing with the design of products whose function relies on the integration of mechanical and electronic components coordinated by a control architecture - Introduction to Mechatronics and Measurement Systems
- The synergistic combination of precision mechanical engineering, electronic control and systems thinking in the design of products and manufacturing processes - Journal of Mechatronics

출처마다 다소 차이는 있지만 기계, 전자, 소프트웨어 등이 융합된 분야임은 공통적으로 표현하고 있다. 메카트로닉스라는 용어 자체만 보더라도 기계공학을 의미하는 "Mechanics"의 "Mecha"와 전자공학을 의미하는 "Electronics"의 "tronics"를 합성한 것이다. 이 외에도 시각에 따라 다소 차이는 있지만 컴퓨터공학 또는 소프트웨어 그리고 제어공학이 메카트로닉스에 관련된다.

그림 1.1.1에는 메카트로닉스를 구성하는 세부 학문 분야를 나타내었다. 메카트로닉스는 이 4가지 분야의 교집합에 해당하며, 그 외의 교집합 부분도 모두 특정 분야를 지칭하고 있다. 예를 들면, 소프트웨어와 제어공학의 교집합 부분은 디지털 제어 영역에 해당한다.

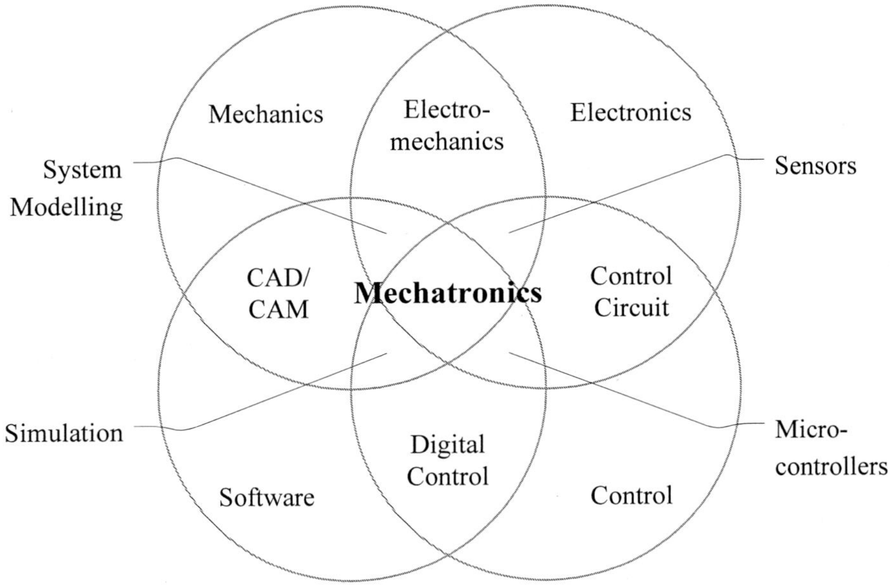

그림 1.1.1 메카트로닉스 분야(Wikipedia)

❑ 메카트로닉스의 발전 과정

메카트로닉스라는 용어는 1960년대 말 일본의 야스카와 전자회사의 엔지니어에 의하여 사용되기 시작하였다. 전통적인 공학 분야가 융합된 분야이므로 메카트로닉스 분야의 발전 과정을 한마디로 정리할 수는 없지만, 대략적인 흐름을 정리하면 다음과 같다.

- 1960년대 : 컴퓨터를 이용하여 전기 모터를 구동
- 1970년대 : 컴퓨터 기반 서보 제어 기술을 활용하여 자동문, 자동판매기 등의 다양한 제품에 적용
- 1980년대 : 기계 시스템의 성능 향상을 목적으로 마이크로프로세서 기반 임베디드 시스템을 내장하기 시작함
- 1990년대 : IT 기반 통신 기술의 발전에 따라 원격 제어 등의 기술이 도입됨

메카트로닉스 분야는 이미 존재하는 학문 분야를 융합한 새로운 분야인 관계로 관련 세부 학문 분야에서 모두 일정 수준 이상의 지식을 가져야 한다. 또한, 메카트로닉스는 그 분야가 매우 광범위하여 한 권의 책으로 이를 모두 다루기에는 매우 부적절하다. 이러한 이유로 본 교재에서는 메카트로닉스의 세부 분야 중 모터 제어 및 모션 제어 시스템에 대하여 다루도록 한다.

1.2 모션 제어 시스템의 소개

모션 제어 시스템(Motion Control System)은 각종 모터를 내장한 기구의 동작을 사용자의 의도에 따라 정밀하게 제어하는 시스템을 의미한다. 좁은 의미로는 모터의 동작을 제어하는 시스템으로 이해가 가능하다. 마이크로프로세서를 비롯한 디지털 반도체 기술의 비약적인 발전은 모든 공학 분야에서의 급격한 발전을 가능하게 하였다. 모션 제어 시스템에서도 예외가 아니어서 대부분의 모션 제어 시스템은 디지털 컴퓨터 또는 마이크로프로세서를 기반으로 하는 임베디드 시스템 형태로 구현된다. 그림 1.2.1에는 일반적인 디지털 모션 제어 시스템의 구성을 나타내었다.

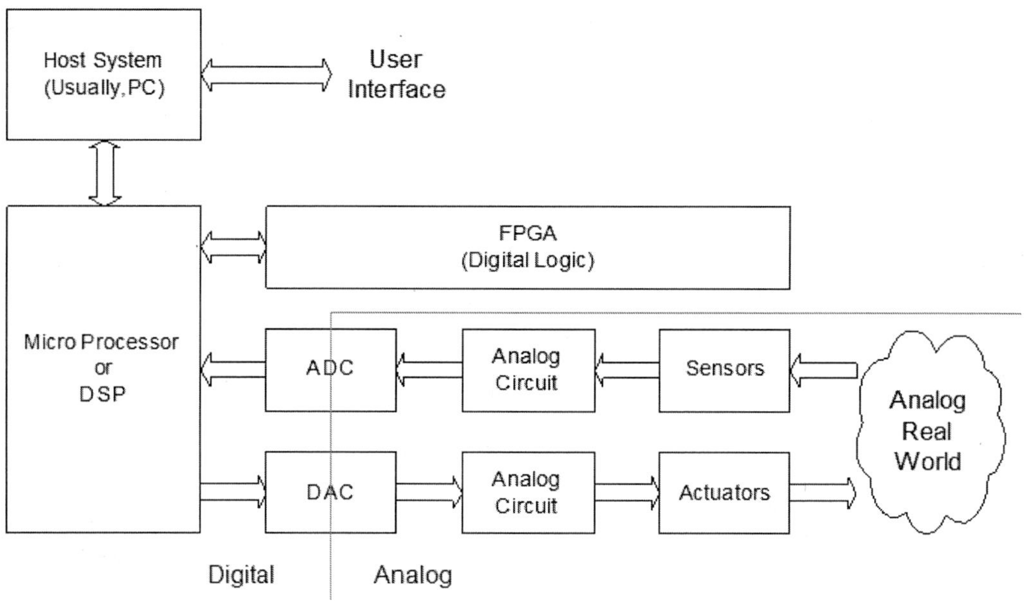

그림 1.2.1 디지털 모션 제어 시스템의 구성도

❑ 아날로그 환경을 제어하기 위한 디지털 시스템

현재 널리 활용되는 모션 제어 시스템은 거의 예외 없이 마이크로프로세서 또는 DSP를 기반으로 임베디드 시스템 형태로 구현된다. 디지털 제어 시스템은 아날로그 제어 시스템에 비하여 반복성, 개발의 용이성 등 다양한 장점을 가지고 있으며, 아날로그 제어 시스템으로는 구현이 불가능했던 기능들도 손쉽게 구현할 수 있다. 따라서, 현재의 모션 제어 시스템은 모두 임베디드시스템이 내장된 디지털 방식이라고 해도 과언이 아니다.

하지만, 대상 시스템인 모터를 내장한 기구 등은 전통적인 아날로그 환경에서 동작한다. 따라서, 이러한 아날로그 환경을 감지하기 위하여 각종 센서를 활용하여야 하고, 아날로그 환경에 변화를 주기 위하여 다양한 액츄에이터를 포함한 모터를 사용한다. 이러한 아날로그 정보를 디지털 프로세서에서 처리하기 위해서는 변환기를 거쳐야 하는데, ADC와 DAC가 그 대표적인 트랜스듀서이다.

❑ FPGA를 활용한 디지털 모션 제어 시스템

여기에 모션 제어 시스템의 성능을 한단계 진보하게 하는 기술이 FPGA 등 프로그램이 가능한 논리 소자이다. 최근 IT 분야의 눈부신 발전에 비하여 모션 제어 시스템의 발전 속도는 다소 느린 감이 있다. 이는 IT 분야와는 다르게 많은 부분이 아날로그 환경과 관련되기 때문이기도 하지만 IT 분야와 구별되는 모션 제어 시스템 분야의 특징은 반드시 지켜야 할 산업 표준이 없다는 점이다. IT 분야는 정보를 생산, 가공, 재생하는 등에 관한 표준이 규약으로 정해져 있다. 표준 규약을 지켜서 시스템을 구현하면 다른 시스템에서 생산한 정보를 재생할 수도 있다. 반대로 말하면 표준을 따르지 않으면 다른 시스템에서 생산한 정보를 재생할 수 없는 것이다.

표준이 정해짐으로 해서 얻을 수 있는 장점으로 대표적인 것이 이를 담당하는 반도체 개발에 있다. IT 분야에서 특정 표준 규약이 정해지면 이 규약에 따라 정보를 가공하는 반도체 IC가 개발된다. 사용자는 표준 규약에 대하여 완벽히 이해하지 못하더라도 누군가 개발한 반도체 IC를 사용하면 해당 정보를 가공하는 시스템을 구축할 수 있다. 반면, 모션 제어 시스템에서는 이러한 표준 규약이 거의 없다. 일부 산업분야에서 표준처럼 사용되는 룰이 있지만 반드시 지켜야 하는 것은 아니므로 전체 시스템을 구성하는 세부 시스템에 대하여 정확히 이해하지 못하면 시스템을 구현할 수 없다. 이러한 이유로 모션 제어 시스템과 관련된 전용 반도체 IC는 IT 분야에 비하여 다양하지 못한 것이 현실이다.

이러한 환경에서 FPGA를 이용하여 사용자가 직접 반도체 IC와 유사한 기능을 소형 HW로 구현할 수 있다는 점은 HW 개발을 용이하게 하는 매우 큰 장점이 있다. 아울러 디지털 프로세서에서 동작하는 소프트웨어가 전담하여야 할 기능을 FPGA 기반 HW로 수행할 수 있다는 것은 HW-SW 병행 설계와도 관련되는 사항이다. 이러한 이유로 디지털 모션 제어 시스템에서는 FPGA를 이용한 시스템 설계가 널리 활용된다.

❑ FPGA를 활용한 디지털 모션 제어 시스템

모션 제어 시스템에서 제어 대상 기구는 매우 다양하며, 기구에 사용되는 모터의 종류도 매우 많다. 하지만, 산업 현장에서 가장 널리 사용되는 소형 모터를 나열하면 다음과 같다.

- DC 모터
- RC 서보 모터
- 스텝 모터
- BLDC 모터
- 리니어(Linear) 모터

위 5종류의 모터는 AC 전동기를 제외한 소형 DC 전동기의 대부분을 차지한다고 볼 수 있다. 본 교재에서는 이들 소형 모터를 제어하는 디지털 모션 제어 시스템에 대하여 다룬다. 각각의 모터에 대하여 모터의 구조, 구동 원리, 구동 방법 등을 소개하고, 정밀 제어를 위한 제어 회로 및 제어 구조에 대해서도 설명한다. 특히, MCU와 FPGA를 기반으로 하는 디지털 모션 제어 시스템 구축을 위한 MCU와 FPGA 활용 방법에 대해서도 소개한다. 다만, 리니어 모터는 BLDC 모터와 구동 및 제어 방식이 유사한 관계로 생략하도록 한다.

CHAPTER 2

DC 모터

2.1 DC 모터 소개

DC 모터는 다양한 모션 제어 시스템에서 가장 널리 사용되는 모터로서 유아용 완구에서 산업용 생산 설비에 이르기까지 그 활용 범위는 매우 광범위하다. 활용 분야에 따라 DC 모터의 동작을 제어하는 제어 시스템은 오픈루프 제어에서 피드백 제어에 이르기까지 다양하며, 목표 정밀도 또는 설계 사양에 따라 다양한 제어 시스템으로 구성된다.

즉, 높은 정밀도가 요구되지 않는 시스템에서는 오픈루프 제어를 이용한 On/Off 제어만을 적용하지만, 정밀한 동작이 요구되는 시스템에서는 모터의 회전 각도 또는 회전 속도를 측정하여 피드백 제어 시스템을 구성한다. 본 절에서는 DC 모터를 소개하고, 전반적인 특성을 기술한다.

2.1.1 DC 모터의 구조

DC 모터는 기본적으로 자기장을 형성하는 영구자석과 자기장 내부에서 회전하는 권선, 그리고 권선에 흐르는 전류의 방향을 바꿔주는 정류자와 브러시로 구성된다. 자기장을 형성하는 용도로 영구자석이 아닌 전자석을 사용하는 경우도 있지만 대부분의 소형 DC 모터에서는 영구자석을 사용한다. 그림 2.1.1에는 DC 모터의 기본 구조를 나타내었다.

그림 2.1.1의 기본 구조에서는 회전자의 회전에 따라 일정한 회전 토크를 발생하기 어렵기 때문에 그림 2.1.2에서와 같은 다소 복잡한 구조를 상용 모터에서는 적용한다. 무엇보다도 회전 권선이 하나가 아니고 여러 권선으로 구성되어 회전자의 회전 각도와 무관하게 가능한 일정한 회전 토크가 발생하도록 구성한다.

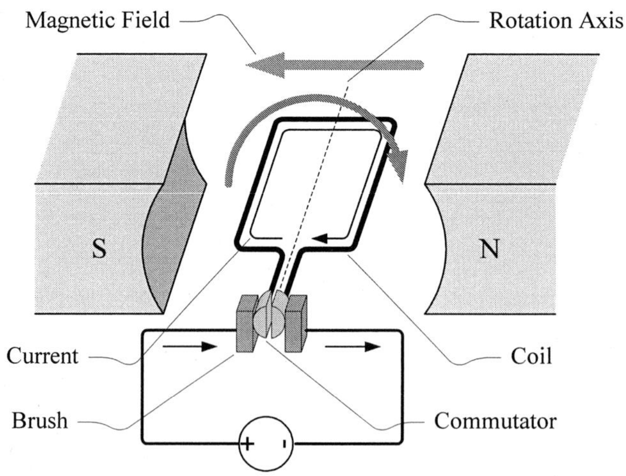

그림 2.1.1 DC 모터의 기본 구조

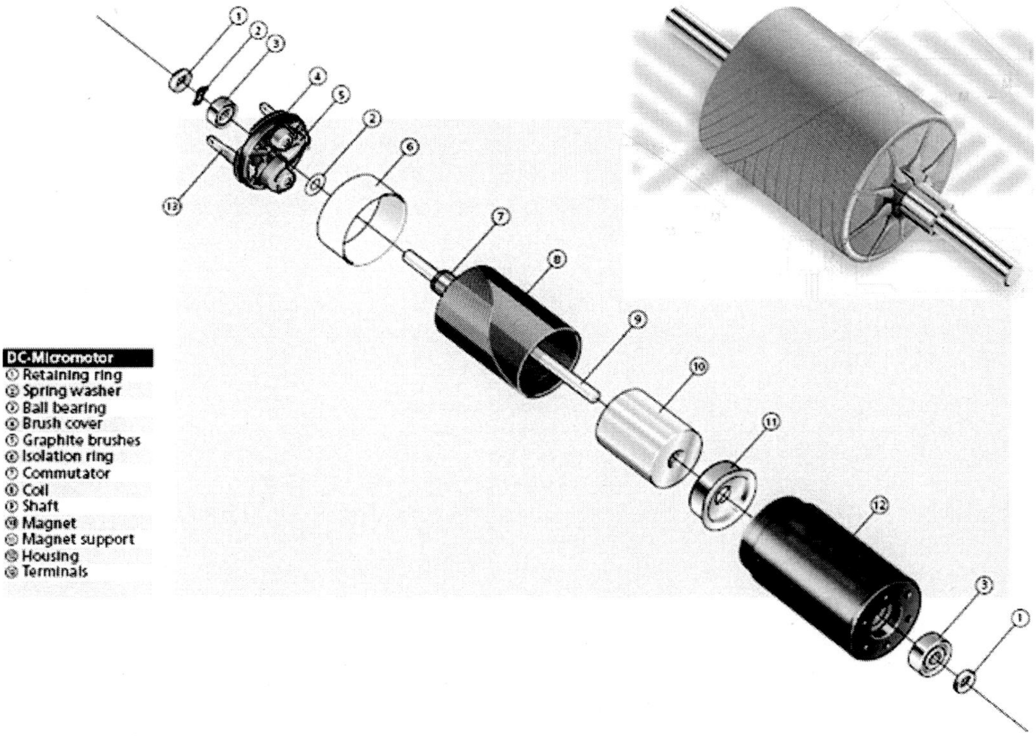

그림 2.1.2 상용 DC 모터의 내구 구조 (http://www.minimotor.ch)

2.1.2 DC 모터의 구동 원리

DC 모터를 포함한 모든 모터의 구동 원리는 기본적으로 플레밍의 왼손 법칙을 따른다. 플레밍의 오른손 법칙은 기본적으로 발전기의 원리이지만 모터의 구동에 있어서도 역기전력 형태로 나타나게 된다.

❑ 플레밍의 왼손 법칙과 오른손 법칙

플레밍의 왼손 법칙은 자기장 내에서 전하가 움직일 때 전하가 받는 힘의 크기와 방향을 설명한다. 그림 2.1.3에는 플레밍의 왼손 법칙 및 역기전력(EMF)를 설명하였다. 좌측 그림에서와 같이 전하량 q의 양전하가 자속밀도 B의 자기장 내에서 v_q의 속도로 이동하면 플레밍의 왼손 법칙에 따라 그림 2.1.3 (a)의 F_q 방향으로 힘을 받게 된다. 이때, 전하 q가 받는 힘의 크기는 $F_q = qv_qB$ 이다.

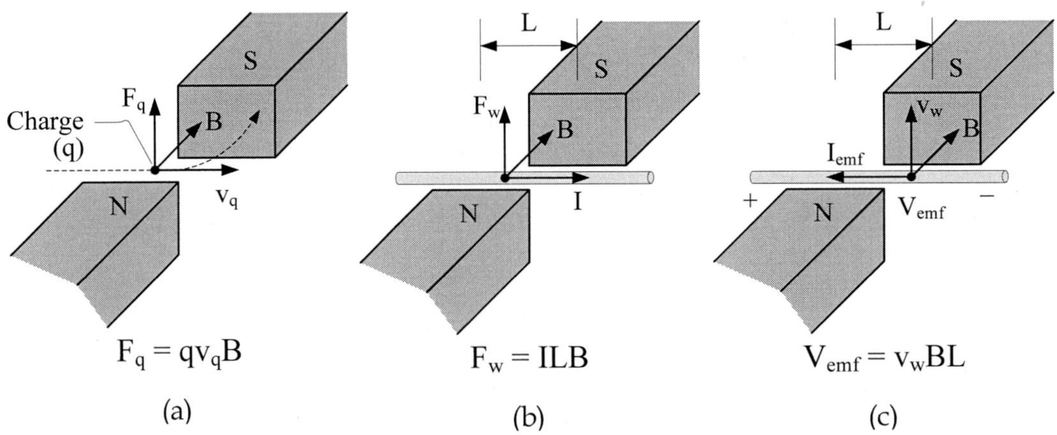

그림 2.1.3 플레밍의 왼손 법칙 및 역기전력

비슷한 예로 그림 2.1.3 (b)를 보면 자속밀도 B의 자기장 내에 길이 L의 도선이 위치해 있고, 이 도선을 따라 전류 I 가 흐르게 되면 도선 전체는 역시 플레밍의 왼손 법칙에 따라 F_w 방향으로의 힘을 받게 된다. 이 때, 도선이 받는 힘의 크기는 $F_w = ILB$ 이다.

그림 2.1.3 (a)와 (b)는 자기장 내에서 운동하는 전하 또는 전류가 흐르는 도선이 받는 힘의 방향과 크기를 설명한다. 반면, 그림 2.1.3 (c)에는 자속밀도 B의 자기장 내에서 길이 L의 도선이 V_W의 속도로 움직이는 경우 발전기의 원리인 플레밍의 오른손 법칙에 따라 역기전력이 $V_{emf} = v_w LB$ 와 같이 발생한다. 이러한 역기전력은 어떤 원인으로든 자기장 내에서 이동하는 도선에 발생하는 전압으로 발전기의 원리인 플레밍의 오른손 법칙에 해당한다. 역기전력의 발생은 자기장 내에 위치한 도선이 이동함에 따라 발생하는 것으로 DC 모터의 구동에서도 외부에서 인가되는 전압에 의하여 회전자 권선이 회전함에 따라 역기전력이 발생한다. 이 때 발생하는 역기전력은 외부에서 인가된 전류의 흐름을 방해하는 방향으로 발생한다.

❑ 정류자와 브러시

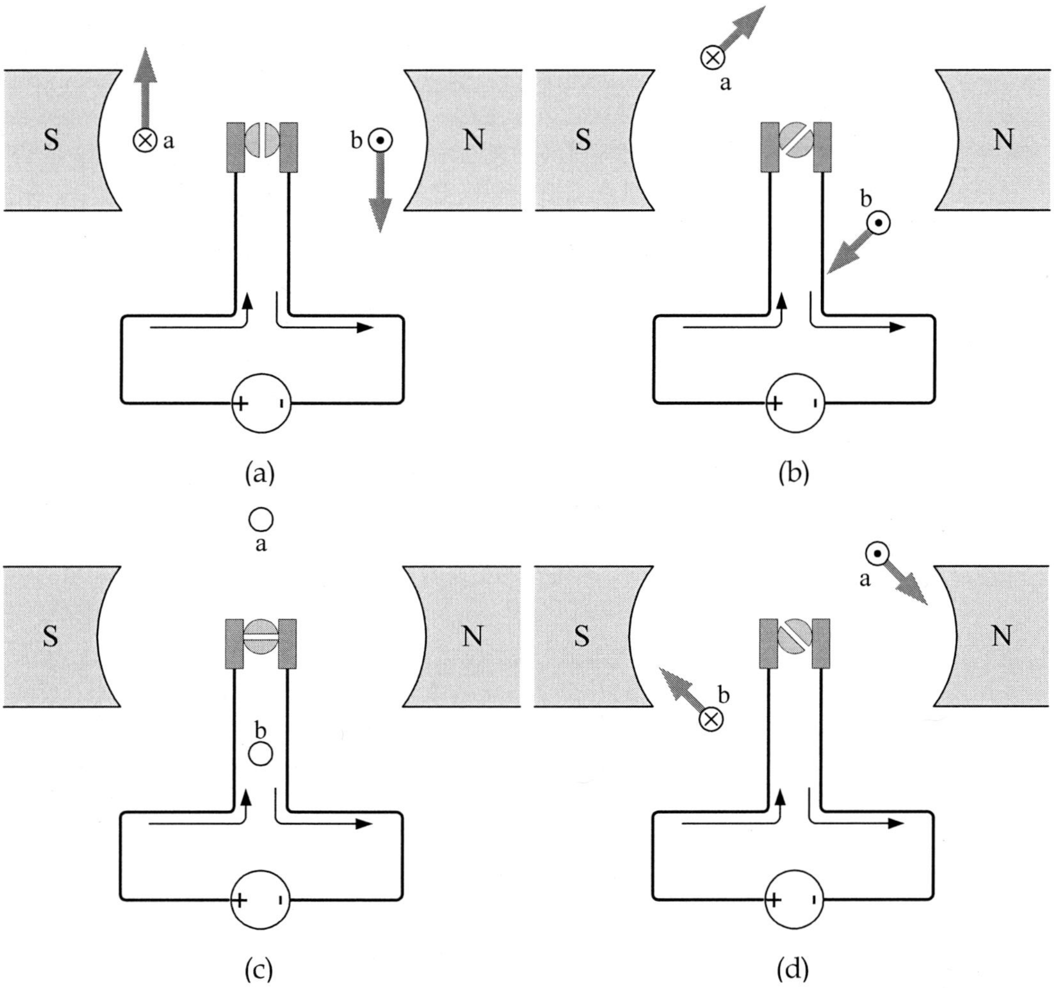

그림 2.1.4 DC 모터의 구동 원리

그림 2.1.4에는 DC 모터의 구동과 관련하여 정류자와 브러시의 기능을 나타내었다. 그림 2.1.1의 DC 모터 구조에서 회전축을 수직으로 바라본 그림이다. 코일이 하나인 모터의 기본 구조를 가정하였을 때, 그림 2.1.4 (a)에서와 같이 DC 모터 양단에 전압을 인가하면 코일에 전류가 흐르게 되고, 자기장 내에 위치한 도선에 흐르는 전류로 인하여 도선은 수직 방향으로 힘을 받아 코일이 회전한다. 이 때, S극에 가까운 코일의 a 부분에서는 전류의 방향이 앞에서 뒤로 흐르고, 코일 b 부분에서는 전류 방향이 그 반대이다. 그림 2.1.4 (b)에는 코일이 45도 회전한 상태이며, 이 경우에도 전류의 방향 및 회전 방향은 그림 2.1.4 (a)와 같다.

그림 2.1.4 (c)에는 90도 회전한 상태인데, 이 시점에서 정류자와 브러시의 기계적 정류 현상에 의하여 코일에 흐르는 전류의 방향이 반전된다. 코일에 전류가 흐르지 않지만, 회전하던 관성에 의하여 시계방향으로 회전이 유지된다. 코일에 전류가 흐르지 않는 것은 코일이 하나인 모터를 가정하였기 때문이며, 상용 DC 모터에서는 코일을 여러 개 사용하여 이러한 상황이 발생하지 않는다.

전류의 방향이 반전되면 그림 2.1.4 (d)에서와 같이 회전 방향이 시계 방향으로 유지된다. 회전자의 회전 방향을 유지하기 위하여 회전자의 180도 회전마다 코일에 흐르는 전류의 방향은 반전되지만 외부에서 인가되는 전류의 방향은 일정한 방향으로 흐르게 된다. 그림 2.1.4 (a)와 (d)를 비교하면 코일 a 부분의 전류 방향이 반전되었음을 확인할 수 있으며, 코일 b 부분의 전류도 마찬가지로 반전되었음을 확인할 수 있다.

❑ 회전자 코일에서 발생하는 힘의 변화

그림 2.1.5에는 회전하는 권선이 받는 힘의 변화를 나타내었다. 발생하는 힘은 항상 F라는 크기의 일정한 힘이 수직으로 작용하지만, 이 힘들 중 접선 방향의 성분만이 권선을 회전하는 토크로 사용된다. 따라서 그림 2.1.5에서와 같이 권선이 수직 위치로 회전한 경우에는 접선 방향의 성분이 전혀 없는 관계로 회전 토크가 발생하지 않는다. 실제 DC 모터에서는 회전하는 권선의 위치와 무관하게 가능한 균일한 토크가 발생하는 것이 바람직하므로 그림 2.1.4와 같이 권선이 하나가 아니고 그림 2.1.2와 같이 여러 권선으로 회전자를 구성하여 접선 방향의 힘이 최대한 균일하게 발생하도록 구성한다.

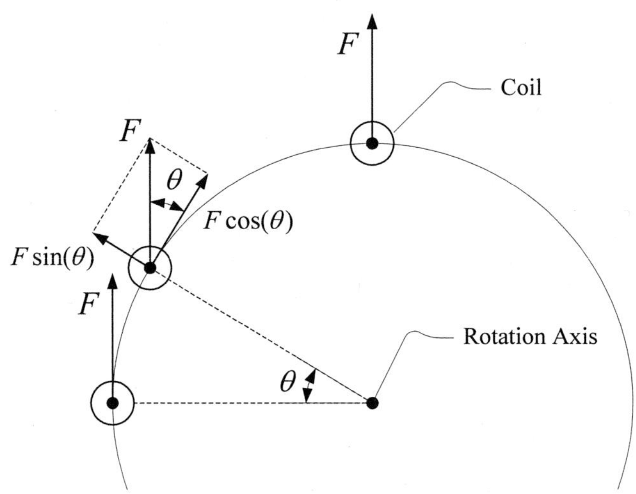

그림 2.1.5 회전하는 권선이 받는 힘의 변화

2.2 DC 모터의 구동

2.2.1 DC 모터의 수학적 모델

DC 모터의 동작 및 제어 방식을 이해하기 위해서 수학적 모델을 알아본다. 일반적인 DC 모터의 전달함수를 확인함으로써 향후 피드백 제어 시스템을 구성하고, 제어기를 설계할 때 수학적 모델을 활용할 수 있다. DC 모터의 전달함수를 구하기 위한 DC 모터의 내부 구조는 그림 2.2.1과 같이 모델링 되며, 각 기호의 의미는 다음과 같다.

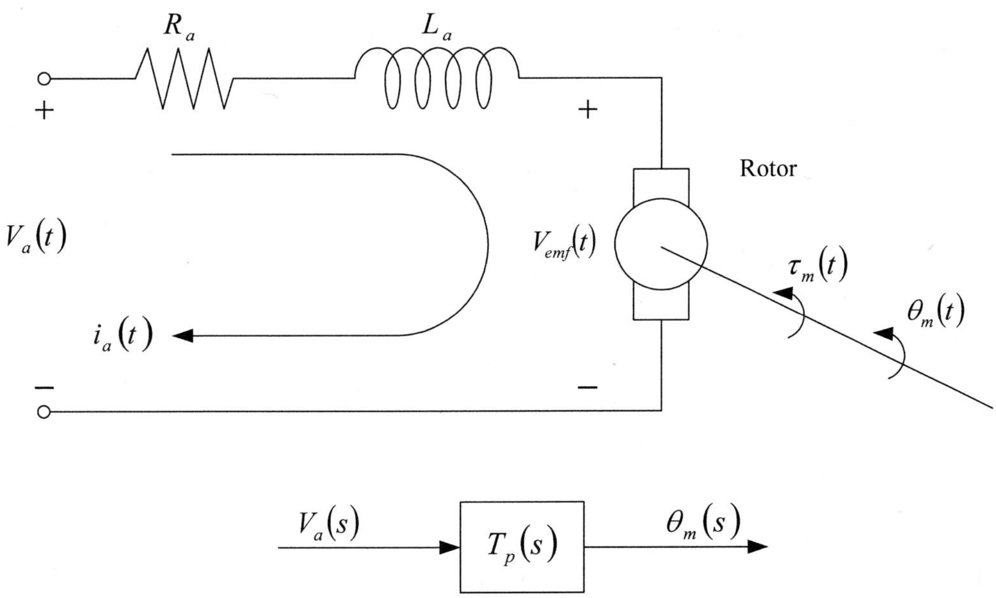

그림 2.2.1 DC 모터의 내부 모델

- $v_a(t)$: DC 모터 양단의 전압
- $i_a(t)$: 권선에 흐르는 전류
- R_a : 권선의 저항
- L_a : 권선의 인덕턴스
- $\tau_m(t)$: 로터에서 발생하는 토크
- $\theta_m(t)$: 로터의 회전 각도
- $v_{emf}(t)$: 로터 회전에 의한 역기전력(Back EMF)

그림 2.2.1을 바탕으로 입력 전압 $v_a(t)$ 로부터 출력인 로터의 회전 각도 $\theta_m(t)$ 까지의 전달 함수를 $T_p(s)$ 를 구해보자. 우선 그림 2.2.1에 나타난 권선 회로에 대하여 KVL (Kirchhoff's Voltage Law)을 적용하면 다음과 같다.

$$v_a(t) = R_a i_a(t) + L_a \frac{di_a(t)}{dt} + v_{emf}(t) \tag{2.2.1}$$

여기서, 로터 회전에 의한 역기전력인 $v_{emf}(t)$ 는 로터의 회전을 방해하는 성분으로 로터의 회전 각속도 $\omega_m(t)$ 에 비례하여 다음의 식으로 정리된다. 여기서 K_b 는 비례상수이다.

$$v_{emf}(t) = K_b \omega_m(t) = K_b \frac{d\theta_m(t)}{dt} \tag{2.2.2}$$

(2.2.2)를 (2.2.1)에 대입한 후 양변에 라플라스 변환을 적용하면 다음과 같이 정리된다.

$$V_a(s) = R_a I_a(s) + L_a s I_a(s) + K_b s \Theta_m(s) \tag{2.2.3}$$

또한, 로터의 회전 토크 $\tau_m(t)$ 는 권선에 흐르는 전류에 비례하므로

$$\tau_m(t) = K_t i_a(t) \tag{2.2.4}$$

의 관계가 성립한다. 여기서 K_t 는 비례상수이다. (2.2.4)의 양변을 라플라스 변환하여 (2.2.3)에 대입하면

$$V_a(s) = \frac{R_a + sL_a}{K_t} \mathrm{T}_m(s) + K_b s \Theta_m(s) \tag{2.2.5}$$

의 결과를 얻는다.

그림 2.2.2에는 DC 모터의 회전 토크와 관련된 역학 모델을 나타내었다. 여기에 사용된 기호들의 의미는 다음과 같다.

- J_m : DC 모터의 로터 및 전체 부하를 포함한 관성 모멘트
- D_m : 로터 및 부하의 회전을 저해하는 마찰계수 또는 감쇄율

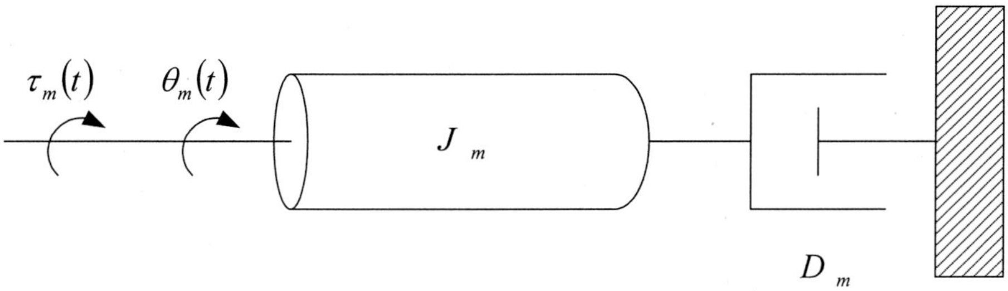

그림 2.2.2 DC 모터의 역학 모델

로터에서 발생한 토크 $\tau_m(t)$와 회전 각도 $\theta_m(t)$ 그리고 J_m과 D_m의 운동방정식은 다음의 미분방정식으로 기술된다.

$$\tau_m(t) = J_m \frac{d^2\theta}{dt^2} + D_m \frac{d\theta}{dt} \tag{2.2.6}$$

(2.2.6)의 양변에 라플라스 변환을 적용하면 다음과 같다.

$$\mathrm{T}_m(s) = (J_m s^2 + D_m s)\Theta_m(s) \tag{2.2.7}$$

(2.2.7)을 (2.2.5)에 대입하면 다음의 수식을 얻을 수 있다.

$$V_a(s) = \frac{(R_a + sL_a)(J_m s^2 + D_m s)}{K_t}\Theta_m(s) + K_b s\Theta_m(s) \tag{2.2.8}$$

여기서, 다음 사항을 활용하면 (2.2.8)의 수식을 근사화할 수 있다.

- DC 모터의 동작 주파수 대역은 저주파 대역이며, 모터마다 다소 차이는 있지만 아무리 높아도 수십 Hz를 넘지 않는다.
- R_a와 L_a는 각각 DC 모터 권선의 저항 성분과 인덕턴스 성분으로 모터마다 다소 차이는 있지만 저항값의 오더는 10 정도이며, 인덕턴스값의 오더는 10^{-3} 정도로 작다.

이 두 사실로부터 DC 모터를 활용하는 저주파 대역에서는 다음의 부등식이 성립된다.

$$R_a >> sL_a \Rightarrow R_a + sL_a \cong R_a \qquad (2.2.9)$$

(2.2.9)의 관계를 이용하여 (2.2.8)을 단순화하면 다음과 같다.

$$V_a(s) = \left(\frac{R_a}{K_t}(J_m s + D_m) + K_b \right) s\Theta_m(s) \qquad (2.2.10)$$

(2.2.10)으로부터 전달함수 $T_p(s)$를 구하면 다음과 같다.

$$T_p(s) = \frac{\Theta_m(s)}{V_a(s)} = \frac{\dfrac{K_t}{R_a J_m}}{s\left(s + \dfrac{1}{J_m}(D_m + \dfrac{K_t K_b}{R_a}) \right)} \qquad (2.2.11)$$

(2.2.11)의 우변을 구성하는 각종 파라미터는 DC 모터 고유의 특성 또는 로터에 연결된 부하의 특성 파라미터로 상수이므로 다음과 같이 간단한 형식으로 표현할 수 있다.

$$T_p(s) = \frac{\Theta_m(s)}{V_a(s)} = \frac{K}{s(s+\alpha)} \qquad (2.2.12)$$

(2.2.12)의 전달함수는 DC 모터의 입력과 출력을 각각 DC 모터 양단의 전압과 로터의 회전 각도로 가정한 경우로서 DC 모터를 사용한 시스템에서 위치 제어(또는 회전 각도 제어)를 수행할 때 유효하다. 한편, DC 모터를 회전 각속도 제어에 활용하는 경우에는 입력은 동일하게 DC 모터 양단에 인가되는 전압인 반면 출력은 로터의 회전 각속도 $\omega_m(t)$ 로 표현하여야 한다. 따라서, DC 모터의 속도 모델은 (2.2.12)를 미분하여 다음과 같이 표현할 수 있다.

$$T_v(s) = \frac{\omega_m(s)}{V_a(s)} = \frac{s\Theta_m(s)}{V_a(s)} = \frac{K}{s+\alpha} \tag{2.2.13}$$

(2.2.13)에 나타낸 DC 모터의 속도 모델은 일반적인 1차 저역 통과 필터의 형태이다. 따라서, DC 모터에 스텝 입력을 인가하면 로터의 회전 속도는 지수적으로 증가하여 정상상태에 도달하게 된다. 스텝 형식의 입력 전압 $V_a(s) = \frac{V_{in}}{s}$ 에 대한 정상상태의 로터 회전 속도는 다음과 같다.

$$\omega_m(\infty) = \lim_{s\to 0}\left(sT_v(s)V_a(s)\right) = \lim_{s\to 0}\left(s\frac{K}{s+\alpha}\frac{V_{in}}{s}\right) = \frac{K}{\alpha}V_{in} \tag{2.2.14}$$

(2.2.11)에서 (2.2.14)에 나타낸 DC 모터의 수학적 모델로 부터 확인할 수 있는 몇 가지 특징을 정리하면 다음과 같다.

- (2.2.12)의 위치 모델에는 적분기가 포함되어 있으므로 DC 모터의 양단에 일정한 전압을 인가하면 출력인 로터의 회전 각도는 이 적분기의 영향으로 계속 증가하게 된다. 회전 각도가 계속 증가한다는 의미는 로터가 계속 회전한다는 의미이다.
- (2.2.14)에서 보면 DC 모터의 회전 속도는 입력 전압 V_{in} 에 비례한다. 즉, 동일한 DC 모터에서는 인가된 전압이 클수록 회전 속도가 빠르다.

❑ DC 모터에서 토크와 회전 속도의 상관관계

DC 전압 $v_a(t)=V_{in}$ 을 모터 양단에 인가한 경우를 가정하면, (2.2.5)는 다음과 같이 정리된다.

$$V_a(s)=\frac{R_a}{K_t}\mathrm{T}_m(s)+sK_b\Theta_m(s) \tag{2.2.15}$$

(2.2.15)의 양변에 인버스 라플라스 변환을 적용하면 다음과 같다.

$$v_a(t)=\frac{R_a}{K_t}\tau_m(t)+K_b\omega_m(t) \tag{2.2.16}$$

(2.2.16)을 다음과 같이 회전 토크에 대하여 정리할 수 있다.

$$\tau_m(t)=\frac{K_t}{R_a}V_{in}-\frac{K_tK_b}{R_a}\omega_m(t) \tag{2.2.17}$$

(2.2.17)을 회전 토크 $\tau_m(t)$과 회전 속도 $\omega_m(t)$에 대한 2차원 평면에 그래프로 나타내면 그림 2.2.3과 같은 1차 직선으로 표현된다. V_{in}의 값이 큰 경우는 작은 경우보다 그래프가 위쪽으로 이동한다. V_{in}이 고정된 상태에서는 로터의 회전 속도가 증가하면 회전 토크는 감소하고, 반대로 회전 속도가 감소하면 토크는 증가하는 특성을 가진다. 이 관계로부터 회전 속도와 회전 토크의 특이값을 알아보면 다음과 같다.

❑ DC 모터에서 최대 토크

V_{in}이 고정된 상태에서 최대 토크는 그림 2.2.3의 y축 절편으로 로터 회전이 없을 때 ($\omega_m(t)=0$)에 해당한다. 예를 들면, V_{in}의 전압을 DC 모터에 인가한 직후 로터가 회전하기 시작하는 순간에 최대 토크를 나타낸다. 또 다른 최대 토크를 나타내는 경우를 살펴보면 V_{in}의 전압을 DC 모터에 인가한 후 어떤 방법으로든 로터의 회전이 발생하지 못하도록 하면 최대의 토크가 발생한다. 고정된 입력 전압에 대하여 최대 토크는 다음과 같이 표현된다.

$$\tau_{m,\max} = \frac{K_t}{R_a} V_{in} \tag{2.2.18}$$

또한, 이렇게 최대의 토크가 발생할 때 (2.2.4)에 기술된 것과 같이 토크와 권선 전류는 비례하므로 최대의 전류가 흐르게 된다.

❑ DC 모터에서 최대 회전 속도

V_{in} 이 고정된 상태에서 최고의 회전 속도는 회전 토크가 0일때 발생한다. 회전 토크와 권선 전류의 관계 (2.2.4)에 의하면 최고 회전 속도에서는 권선에 전류가 흐르지 않는 상태이다. 최고 회전 속도는 다음과 같이 표현된다.

$$\omega_{m,\max}(t) = \frac{1}{K_b} V_{in} \tag{2.2.19}$$

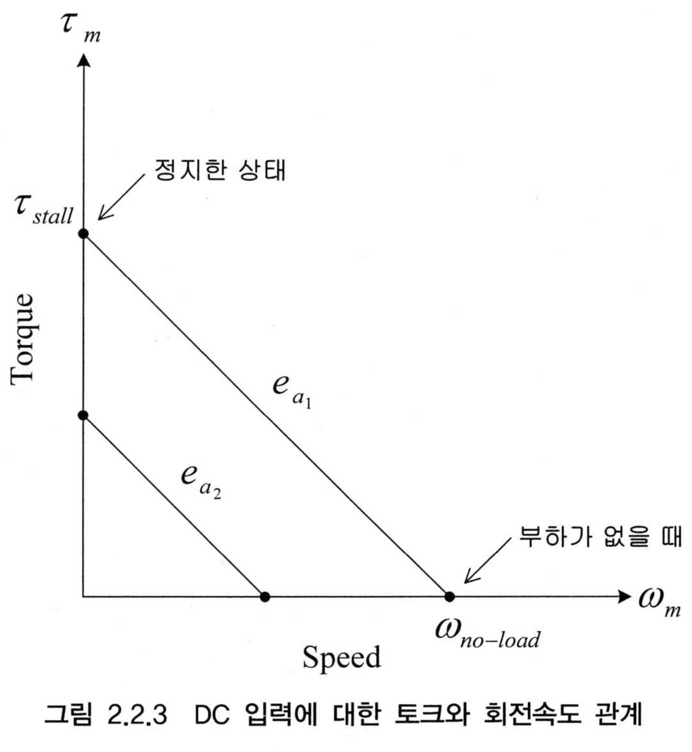

그림 2.2.3 DC 입력에 대한 토크와 회전속도 관계

2.2.2 DC 모터의 구동 방식

DC 모터의 동작은 DC 모터 양단에 인가되는 전압 및 권선에 흐르는 전류에 의하여 결정된다. 즉, DC 모터의 동작을 제어하기 위해서는 DC 모터 양단의 전압 또는 인가되는 전류를 제어하여야 한다. 앞에서도 살펴보았듯이 DC 모터의 권선에 흐르는 전류는 모터의 회전 토크에 비례하므로 전류를 제어하는 것은 모터의 회전 토크를 제어하는 것과 같다.

하지만, 일반적인 DC 모터 구동을 위한 회로 설계에 있어 전압을 제어하는 경우가 보다 일반적으로 활용된다. 이는 전압을 다루는 회로 설계 방식이 전류를 다루는 방식보다 사용자들에게 익숙하기 때문이며, 사용 가능한 구동 소자에 있어서도 전압을 다루는 소자가 전류를 다루는 소자보다 훨씬 다양하게 분포하기 때문이다.

본 절에서는 DC 모터의 전압을 조절하여 DC 모터를 구동하는 방법에 대하여 살펴본다. DC 모터 구동 방식으로는 선형방식과 PWM(Pulse Width Modulation) 방식이 대표적이다.

(1) 선형 구동 방식

선형 방식은 DC 모터에 인가되는 전압을 가변하는 것으로 그림 2.2.4에 개념을 나타내었다. 인가되는 아날로그 전압을 조절함으로써 모터의 회전 속도를 제어할 수 있다. 예를 들어 DC 모터의 양단에 1V를 인가하였을 때와 2V를 인가하였을 때 회전 속도의 차이가 대략 2배 나타나게 된다.

모터에 인가되는 아날로그 전압은 가변 전압원을 사용하는 간단한 개념으로 생각할 수 있다. 디지털 제어 시스템에서는 DAC(Digital to Analog Converter)를 사용하여 전압을 조절할 수 있다. 다만, 인가한 전압에 대하여 흐르는 전류는 모터의 상태에 의하여 결정되는데, 일반적으로 DC 모터의 구동에 필요한 전류는 DAC가 공급할 수 있는 전류보다 훨씬 크기 때문에 별도의 드라이버 회로가 필요하다.

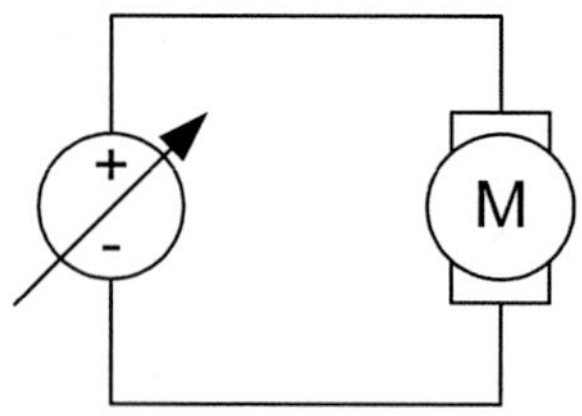

그림 2.2.4 선형 구동 방식

(2) PWM 구동 방식

그림 2.2.5에는 PWM 방식으로 모터를 구동하는 개념을 나타내었다. DC 모터의 양단에 인가되는 전압은 Vcc와 -Vcc의 두 종류만 존재한다. 다만, Vcc와 -Vcc 전압의 시간 비율을 가변하여 DC 모터에 인가되는 유효한 전압을 조절하는 방식이다.

그림 2.2.5의 파형에서 보면 Vcc와 -Vcc의 전압을 50대 50의 비율로 인가하는 경우 모터는 정방향과 역방향으로 진동하게 된다. 하지만, 이 시간을 DC 모터의 주파수 응답 특성과 비교하여 매우 빠르게 스위칭해주면(예를 들어, 20 kHz의 스위칭 주파수) DC 모터의 응답 특성은 20 kHz에서 거의 움직이지 않으므로 정지하게 된다. 선형 방식에서 0V를 인가하는 것과 동일한 효과를 얻는다.

만약 Vcc와 -Vcc의 전압을 75대 25의 비율로 동일한 20 kHz의 주파수로 인가하면 평균적으로 0.5Vcc의 전압이 인가되는 효과와 동일하여 모터가 회전하게 된다. 이렇듯 Vcc와 -Vcc의 시간 비율을 조절하여 모터에 인가되는 평균 전압을 가변하는 방식을 PWM 방식이라 한다.

이러한 PWM 파형은 디지털 논리 소자를 이용하여 쉽게 생성할 수 있다. 다양한 마이크로 컨트롤러에서 PWM 생성기를 내장하고 있으며, FPGA 등을 활용하여 사용자가 손쉽게 구현할 수 있다. 하지만, 일반적인 디지털 논리 소자의 전압 및 전류 특성은 DC 모터를 구동하기에 부적합하다. 즉, 디지털 논리 소자가 공급할 수 있는 전류는 DC 모터의 구동에 필요한 전류보다 훨씬 작기 때문에 별도의 전류 드라이버 회로가 사용되어야 한다.

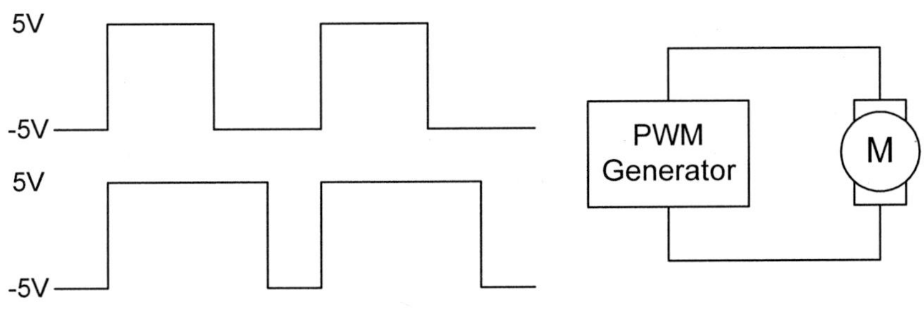

그림 2.2.5 PWM 구동 방식

2.3 피드백 제어 시스템의 구성

2.3.1 DC 모터의 피드백 제어 시스템

DC 모터를 제어하는 방식은 모든 제어 시스템에서와 마찬가지로 개루프 제어(Open-loop Control)와 피드백 제어(Feedback Control)로 구분할 수 있다. 개루프 제어는 대상 플랜트인 DC 모터의 회전 속도 또는 회전 각도를 직접 측정하지 않고 미리 설정된 전압을 DC 모터의 양단에 인가하는 방식이다. 반면, 피드백 제어에서는 대상 플랜트인 DC 모터의 회전 속도 또는 각도를 다양한 센서를 활용하여 측정한 결과를 DC 모터에 인가하는 전압에 반영하는 방식이다. 오픈루프제어와 대비되는 개념으로 폐루프 제어(Closed-loop Control)라고도 불린다. 그림 2.3.1에는 일반적인 피드백 제어 시스템의 구조를 나타내었다.

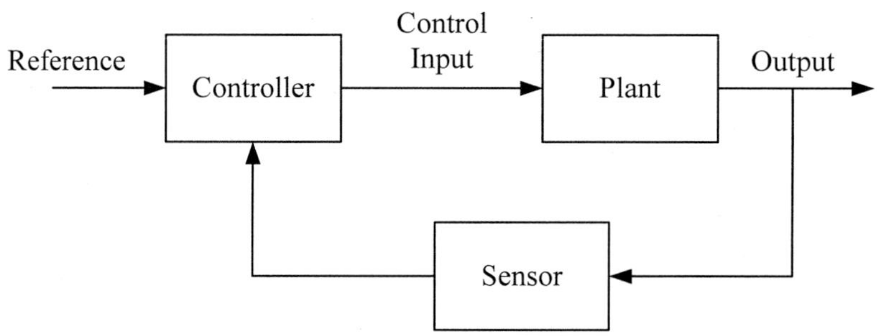

그림 2.3.1 일반적인 피드백 제어 시스템 블록선도

그림 2.3.1에서의 블록 및 신호에 대한 설명은 다음과 같다.

❑ 플랜트(Plant)

피드백 제어의 대상이 되는 시스템으로 제어 시스템 및 제어기 설계를 위하여 미리 결정되어 주어진다.

❑ 센서(Sensor)

플랜트의 출력을 계측하여 제어기에서 사용할 수 있는 형태로 변환한다. 측정할 플랜트의 출력에 따라 센서의 종류를 선정하여야 한다. 센서의 출력에는 계측한 플랜트의 출력 정보 외에 잡음 성분이 포함되므로 제어기에 입력하기 전에 아날로그 회로 또는 디지털 회로를 이용하는 전처리 과정을 거쳐야 한다.

❑ 제어기(Controller)

제어 목표를 달성하기 위하여 레퍼런스 입력과 계측된 플랜트의 출력을 바탕으로 플랜트에 인가될 제어 입력을 생성한다. 많은 제어공학 문제가 이 제어기를 설계하는 문제에 해당한다.

❑ 레퍼런스 입력(Reference)

전체 제어 시스템 외부에서 입력되는 값으로 제어 목표로 설정된다.

❑ 출력(Output)

플랜트의 출력으로 제어하려는 대상 물리량이다. 동일한 플랜트를 사용하더라도 제어 대상은 다를 수 있으며, 이에 따라 플랜트의 수학적 표현도 달라지게 된다.

❑ 제어 입력(Control Input)

제어기의 출력으로 대상 플랜트에 인가되는 값이다.

그림 2.3.1에 나타낸 제어기에서는 레퍼런스와 플랜트 출력(엄밀한 의미에서는 센서의 출력)을 바탕으로 제어입력을 생성한다. 따라서 제어기에서 레퍼런스와 플랜트 출력을 활용하는 모든 방법이 그림 2.3.1에 해당한다. 그 중에서 레퍼런스와 플랜트 출력의 차이인 에러를 생성하고, 이 에러를 제어기의 입력으로 활용하는 에러 피드백 제어 시스템의 블록선도는 그림 2.3.2와 같다.

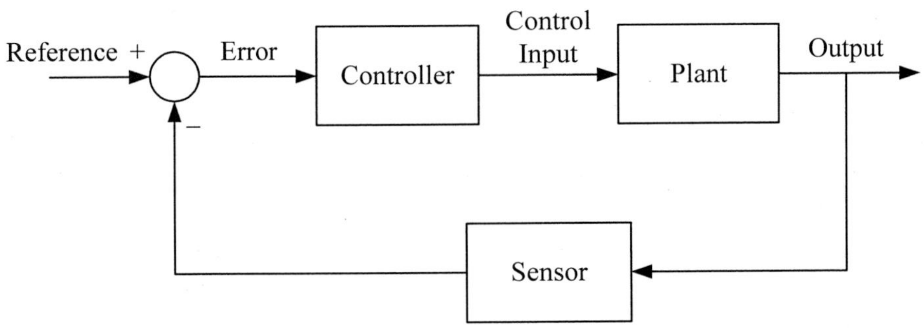

그림 2.3.2 에러 피드백 제어 시스템 블록선도

그림 2.3.2에서의 제어 목적은 레퍼런스 입력과 플랜트의 출력이 같도록 만드는 것이다. 이를 달성하기 위하여 에러 피드백 제어 시스템에서는 레퍼런스와 플랜트 출력의 산

술적 차이를 에러로 생성하고, 이 에러를 줄이도록 제어기를 활용한다. 그림 2.3.2에 포함된 제어기에서는 레퍼런스 입력과 플랜트 출력의 상태는 알지 못하고 오직 그 차이인 에러만을 입력으로 사용한다. 그림 2.3.2는 그림 2.3.1의 특수한 예이며, 제어 시스템에서 널리 사용된다.

본 절에서는 피드백 제어 시스템의 대상 플랜트로 DC 모터가 활용되는 경우를 다룬다. 그림 2.3.3에는 DC 모터의 피드백 제어를 위한 세부 시스템 블록선도를 나타내었다. 그림 2.3.2에는 생략되었지만 실제 시스템을 구현하는 과정에서는 반드시 필요한 블록들이 추가되었다.

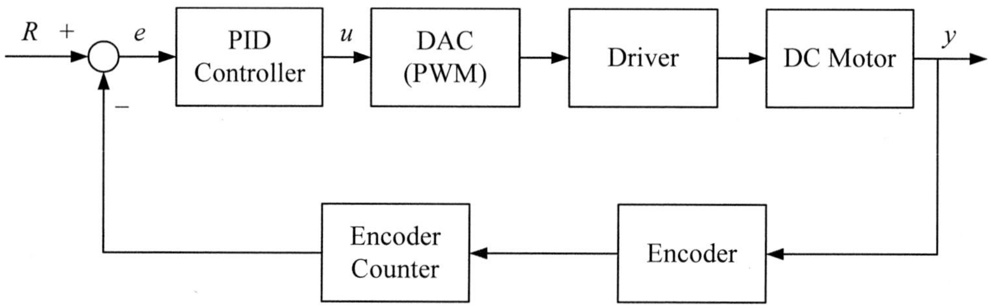

그림 2.3.3 DC 모터 피드백 제어 시스템 블록선도

그림 2.3.2에 포함된 각 블록에 대한 설명은 다음과 같다.

❑ DC Motor

피드백 제어 시스템의 대상 플랜트로서 DC 모터의 회전축에 기구적 부하가 연결되어 사용된다. 통상적으로 기어를 사용하여 기구적 부하에 전달되는 회전 토크는 증가시키고, 회전 속도는 감소시킨다.

❑ Encoder

DC 모터의 회전축에 연결되어 회전축의 회전 각도를 측정하기 위한 센서이다. 엔코더 외에도 다양한 센서가 DC 모터 제어에 활용되지만 엔코더가 가장 널리 활용된다. 엔코더에서는 회전축의 회전에 따라 일정 각도마다 엔코더 펄스가 출력된다.

❑ Encoder Counter

회전축의 회전에 따라 발생하는 엔코더 펄스를 디지털 방식으로 카운트하여 회전 각도를 알아내거나 주파수를 측정하여 회전 각속도를 알아낸다. FPGA 등의 디지털 논리회로 소자를 이용하여 구현이 가능하다.

❑ PID 제어기

엔코더를 이용하여 측정한 DC 모터의 회전 각도 또는 속도를 반영하여 DC 모터에 인가할 제어 입력을 생성한다. 디지털 제어기에서는 연산에 의하여 그 값을 구할 수 있다. 다양한 제어기를 사용할 수 있으나 DC 모터의 제어에 있어서는 PID 제어기를 가장 널리 활용한다.

❑ DAC(PWM)

제어기에서 연산된 결과에 해당하는 아날로그 전압 또는 PWM 신호를 생성하는 기능을 담당한다. 선형방식으로 DC 모터를 구동하는 경우에는 DAC를 이용하여 아날로그 전압을 생성하고, PWM 방식에서는 PWM 신호의 듀티비(Duty Ratio)를 제어기 출력에 맞추어 생성한다.

❑ Driver

DAC 또는 PWM 생성기에서 생성된 전압 또는 PWM 신호를 DC 모터에 인가할 때 구동 전압을 DC 모터에 맞게 증폭하고, 충분한 전류를 공급하는 기능을 담당한다.

2.3.2 DC 모터 드라이버

앞에서 DC 모터의 대표적인 구동 방식으로 선형 방식과 PWM 방식에 대하여 설명하였다. 선형 방식은 DC 모터에 인가되는 아날로그 전압을 직접 제어하는 방식으로 디지털 제어 시스템에서는 DAC 등으로 구현된다. 반면, PWM 방식은 모터에 인가되는 순시적인 전압은 Vcc와 -Vcc로 매우 크지만 각 전압을 DC 모터의 주파수 응답 특성에 비하여 매우 빠르게 스위칭하고, Vcc와 -Vcc의 시간 비율을 조절함으로써 DC 모터에 인가되는 평균 전압을 조절하는 방식이다. PWM 방식은 디지털 논리회로를 이용하여 쉽게 구현할 수 있다. 하지만, DAC 또는 디지털 출력 신호를 그대로 DC 모터에 인가하기에는 다음의 문제가 있다.

- 동작 전압 : DAC 또는 디지털 출력 단자의 출력 전압 범위가 DC 모터의 동작전압 범위와 일치하지 않는다. 통상적으로 DAC 또는 디지털 출력 전압은 DC모터의 구동전압 범위보다 작기 때문에 전압 증폭 회로가 필요하다.
- 구동 전류 : DAC 또는 디지털 출력 단자의 출력 전류는 DC 모터의 구동에 필요한 전류보다 훨씬 작다. 일반적으로 DAC 또는 디지털 출력 단자의 최대 출력 전류는 수십 mA에 불과하다. 반면, DC 모터의 구동에는 수백 mA 또는 수 A 이상의 큰 전류가 필요하다.

이상의 두 가지 문제점으로 인하여 선형 구동 방식 또는 PWM 구동 방식 중 어떤 방식을 채택하더라도 회로의 출력 전압과 전류를 DC 모터의 구동에 필요한 전압과 전류로 변환해주는 드라이버 회로가 필요하다.

(1) 선형 드라이버 회로

그림 2.3.4에는 선형 구동 방식을 위한 블록선도에 드라이버 블록을 포함하여 표현하였다. 선형 드라이버는 일반적인 증폭 회로로서 출력 전압을 입력 전압 대비 일정 비율로 증폭하는 기능을 담당한다. 다만, 모터 구동에는 최대 수 A 의 전류가 필요하므로 이를 위해서는 충분한 전류를 출력할 수 있어야 한다. 그림 2.3.3과 같이 DAC 등으로 부터 전압 입력을 받아 대상 DC 모터의 정격 전압에 맞도록 증폭하여 출력한다. DC 모터 양단에 입력되는 전압은 입력 전압에 비례하게 되며, 전류는 DC 모터의 상태에 따라 결정된다.

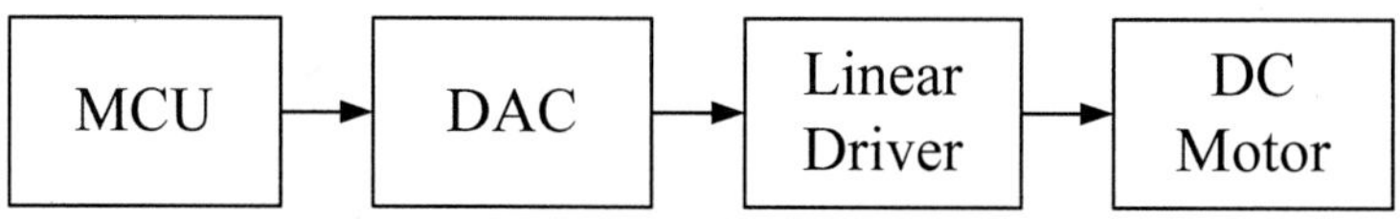

그림 2.3.4 선형 구동 방식 블록선도

DC 모터 구동을 위한 선형 드라이버 회로는 사용 가능한 전원으로 +전원과 -전원이 모두 사용 가능한 양전원의 경우와 +전원만 사용 가능한 단전원의 경우로 구분 가능하다. 이에 앞서 선형 증폭기를 활용한 모터 드라이버 회로의 구성을 위해 차동 증폭 회로에 대하여 설명하면 다음과 같다.

❑ 모터 드라이버 회로를 위한 차동 증폭 회로

선형 드라이버 회로를 구성할 때 고려하여야 하는 사항으로는 가장 대표적인 4가지를 선정하면 다음과 같다.

- 드라이버 회로의 입력 전압 범위 : DAC의 출력 전압 범위
- 드라이버 회로의 출력 전압 범위 : 모터 양단에 인가되는 전압 범위
- 드라이버 회로에서 사용 가능한 전원
- 드라이버 회로의 최대 출력 전류

이러한 사항을 고려하여 드라이버 회로를 설계함에 있어 가장 기본이 되는 회로는 그림 2.3.5에 나타낸 연산 증폭기를 이용한 차동 증폭회로를 꼽을 수 있다. 이 회로는 입력과 출력의 증폭률을 조절함과 동시에 입출력의 오프셋을 적절히 조절하는데 유용하게 활용할 수 있다.

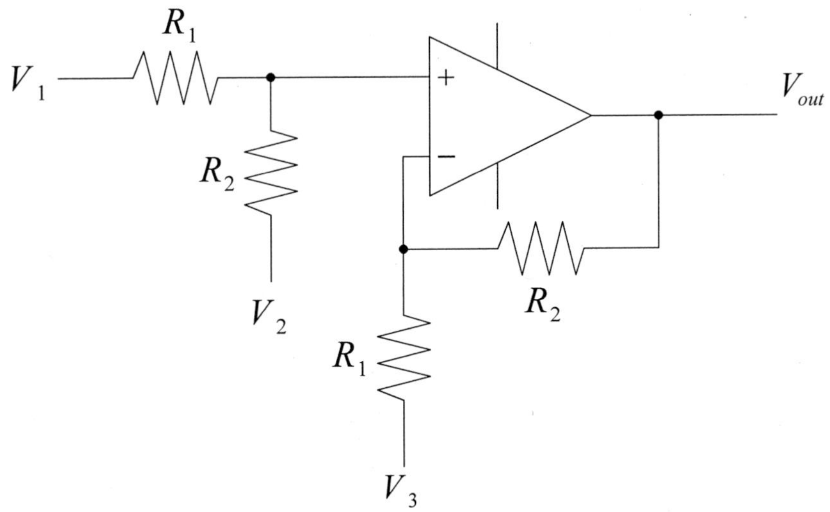

그림 2.3.5 연산 증폭기를 이용한 차동 증폭 회로

그림 2.3.5의 차동 증폭 회로의 출력 전압은 중첩의 원리에 의하여 다음과 같이 유도할 수 있다. V_1, V_2, V_3 각각의 전압에 의한 출력은 (2.3.1)에서 (2.3.3)에 정리하였다.

$$V_{out}\big|_{V_1} = \frac{R_2}{R_1 + R_2}\left(1 + \frac{R_2}{R_1}\right)V_1 = \frac{R_2}{R_1}V_1 \tag{2.3.1}$$

$$V_{out}\big|_{V_2} = \frac{R_1}{R_1 + R_2}\left(1 + \frac{R_2}{R_1}\right)V_2 = V_2 \tag{2.3.2}$$

$$V_{out}\big|_{V_3} = -\frac{R_2}{R_1}V_3 \tag{2.3.3}$$

이들로 부터 출력 전압 V_{out} 을 구하면 다음과 같다.

$$V_{out} = \frac{R_2}{R_1}\left(V_1 - V_3\right) + V_2 \tag{2.3.4}$$

R_1과 R_2의 저항 비는 드라이버 회로의 증폭률을 결정하고, V_2와 V_3는 입력과 출력의 오프셋을 맞추는데 사용할 수 있다.

예를 들어, 드라이버 회로의 입력 전압은 0~5V, 즉 2.5V를 기준으로 ±2.5V의 전압 범위를 가질 때, 드라이버 회로의 출력으로는 0~12V를 입력과 동상으로 출력하는 경우를 살펴보자.

- 입력과 출력이 동상이어야 하므로 입력 전압은 V_1에 인가한다.
- 입력이 ±2.5V 변할 때, 출력은 ±6V 변하여야 하므로 증폭률은 2.4가 된다. 따라서 R_1과 R_2의 비율은 $R_1 : R_2 = 1 : 2.4$가 되도록 선정한다.
- 입력의 오프셋 전압이 2.5V 이므로 V_3에는 입력 오프셋 제거를 위하여 2.5V DC 전압을 인가한다.
- 출력의 오프셋 전압은 6V여야 하므로 V_2에는 출력 오프셋 설정을 위하여 6V DC 전압을 인가한다.

❑ 양전원 드라이버 회로

사용 가능한 전원이 +Vcc와 -Vcc인 경우에 그림 2.3.6과 같은 DC 모터 구동 회로를 사용할 수 있다.

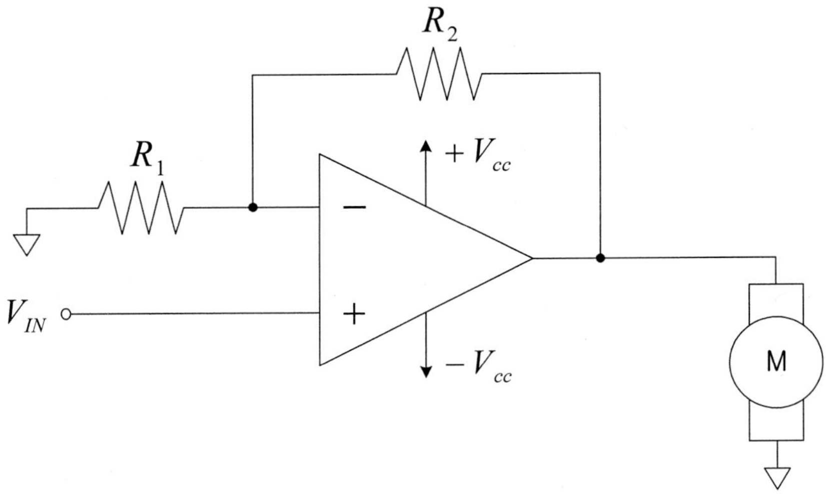

그림 2.3.6 양전원 선형 드라이버 회로

증폭기 A의 전원으로 +Vcc와 -Vcc를 사용하는 경우에 증폭기 출력 전압도 +극성과 -극성을 모두 가질 수 있다. 따라서, DC 모터의 한 단자는 그라운드에 접지하고, 나머지 한 단자를 증폭기 A의 출력에 연결하면 결과적으로 DC 모터에 인가되는 전압은 대략 -Vcc ~ Vcc가 된다. 결국, DC 모터를 양방향으로 구동할 수 있다.

증폭기 하나 만으로 DC 모터 하나를 구동할 수 있으므로 경제적이지만, 증폭기에 인가되는 전원의 전압차가 크기 때문에 증폭기 자체에서 소모하는 전력이 증가하는 관계로 드라이버 회로에서의 발열을 고려하여야 한다.

❑ 단전원 드라이버 회로

+극성의 전원 +Vcc만 사용 가능한 경우에는 그림 2.3.7과 같이 2개의 증폭기 A와 B를 DC 모터 양단에 연결하는 회로를 구성한다. 2개의 증폭기 A와 B의 출력 전압은 전원 +Vcc의 절반인 Vcc/2를 기준으로 서로 역상이 되도록 구동하면 DC 모터 양단의 전압 범위는 -Vcc ~ Vcc가 되므로 양방향 구동이 가능하다.

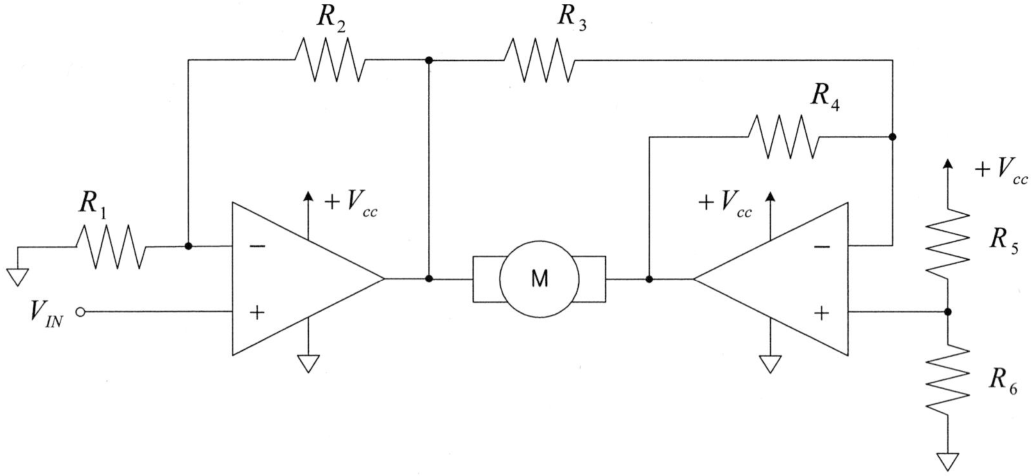

그림 2.3.7 단전원 선형 드라이버 회로

사용 가능한 전원이 +극성 하나임에도 불구하고 모터를 양방향으로 구동할 수 있는 장점이 있는 반면 하나의 DC 모터 구동을 위해서 2개의 증폭기가 필요하므로 비용 증가의 요소로 작용한다.

❑ 선형 드라이버 예시

선형 드라이버 회로는 일반적인 파워 앰프이므로 BJT 또는 FET 등으로 사용자가 직접 제작할 수도 있다. 하지만, 이러한 기본 소자를 이용하여 증폭기를 직접 구성하는 것은 제어 시스템을 구축하는 측면에서는 매우 비효율적이므로 반도체 파워 앰프 IC를 이용하는 경우가 대부분이다. DC 모터의 구동에는 전압 증폭뿐만 아니라 모터 구동에 충분한 전류를 공급하여야 한다. 이러한 요건을 만족하는 소자를 소개하면 다음과 같다.

- 파워 연산 증폭기(Power OP-Amp) : 일반적인 신호용 연산 증폭기는 수십 mA 수준의 작은 전류만 출력할 수 있는 반면, 파워 연산 증폭기는 일반적인 연산 증폭기와 동일한 동작 특성을 가지면서 출력할 수 있는 전류가 수 A 이상으로 매우 크다. 그림 2.3.8에는 모터 드라이버에 활용할 수 있는 파워 연산 증폭기로 Cirrus Logic사의 PA74를 예시하였다.

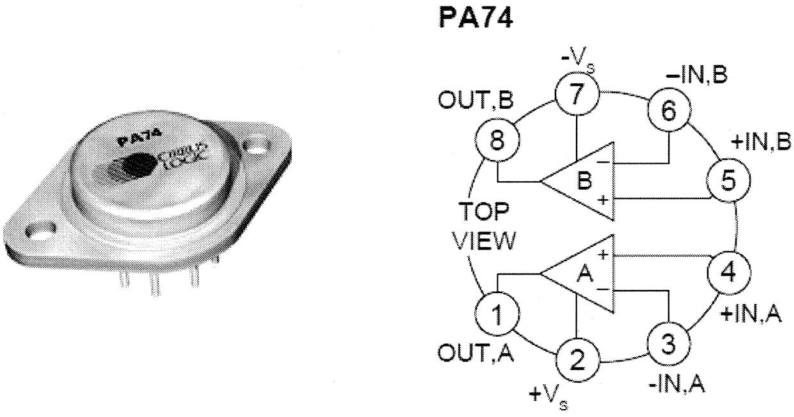

그림 2.3.8 Cirrus Logic 사의 PA74

- 오디오 파워 앰프 : 오디오 파워 앰프는 스피커에 충분한 전류를 공급하기 위한 앰프이다. 오디오 스피커도 권선에 흐르는 전류와 영구자석에 의하여 발생하는 전자기력에 의하여 동작된다는 관점에서 모터의 구동 원리와 동일하다. 따라서 스피커 대신 모터를 연결하여 모터 드라이버 회로로 활용이 가능하다. 그림 2.3.9에는 모터 드라이버에 활용 가능한 오디오 파워 앰프로서 National Semiconductor사의 LM4765를 예시하였다.

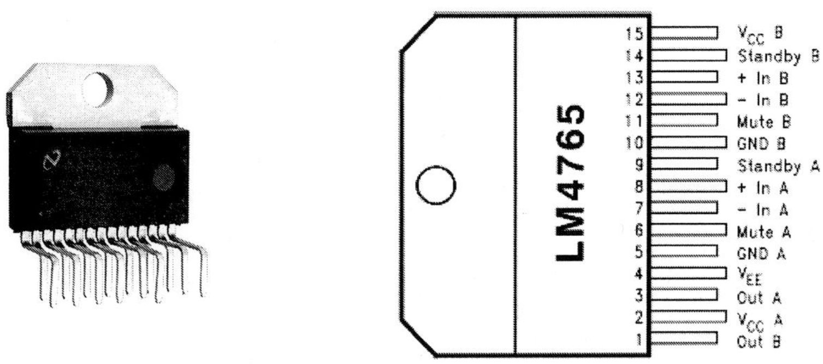

그림 2.3.9 National Semiconductor 사의 LM4765

(2) PWM 드라이버 회로

그림 2.3.10에는 PWM 구동 방식을 위한 블록선도에 드라이버 회로를 포함하여 표현하였다. PWM 드라이버 회로는 PWM 신호에 따라 모터에 흐르는 전류의 방향을 빠르게 스위칭하는 회로이다. 통상적으로 그림 2.3.11에 나타낸 H-브리지(H-bridge) 회로를 가장 널리 활용한다. 4개의 트랜지스터는 모터에 흐르는 전류를 스위칭하는 역할을 하며, 4개의 다이오우드는 트랜지스터 보호용 다이오드로서 동작한다. 회로의 중앙 부분에 DC 모터의 양단이 연결된다.

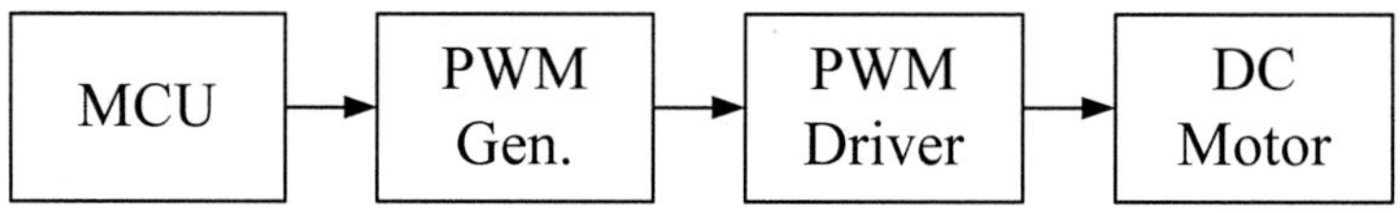

그림 2.3.10 PWM 구동 방식 블록선도

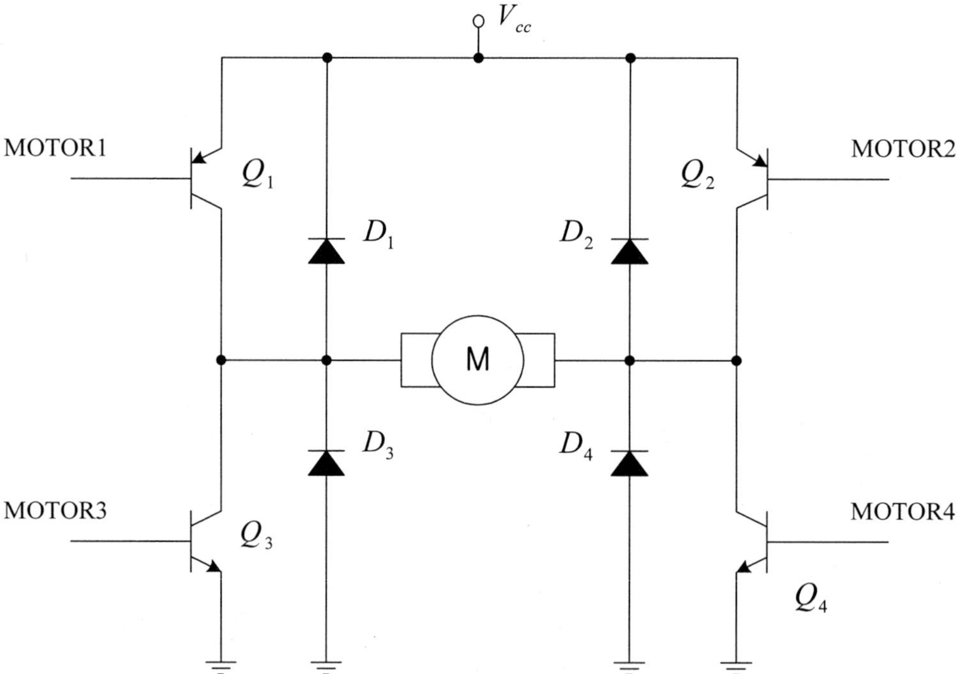

그림 2.3.11 H-브리지 회로

❑ H-브리지 회로에서의 트랜지스터 동작

그림 2.3.11의 회로는 다음의 사항을 지키며 동작한다.

- 그림 2.3.11의 모든 트랜지스터는 스위칭 방식으로 동작한다. 즉, 트랜지스터의 상태는 전류가 흐르지 않는 컷오프(cut-off) 상태이거나 최대의 전류가 흐르는 포화(saturation) 상태이다.
- 4개의 트랜지스터는 대각선 방향의 트랜지스터가 동시에 켜지거나 꺼진다. 또한, 한 시점에는 항상 2개의 트랜지스터만 켜지고 나머지 두 개는 꺼진다. PWM 신호가 High일 때 Q_1과 Q_4가 켜지고 Q_2와 Q_3가 꺼지도록 극성이 설정되었다면 PWM 신호의 상태에 따른 트랜지스터의 동작은 표 2.3.1과 같다. 이 결과에 따라 H-브리지 회로 및 DC 모터를 통하여 흐르는 전류는 PWM 신호가 High일 때와 Low일 때 각각 그림 2.3.12와 그림 2.3.13과 같이 흐르게 된다.

표 2.3.1 H-브리지 회로에서 트랜지스터 동작 상태

PWM 상태	Q_1	Q_2	Q_3	Q_4
HIGH	ON	OFF	OFF	ON
LOW	OFF	ON	ON	OFF

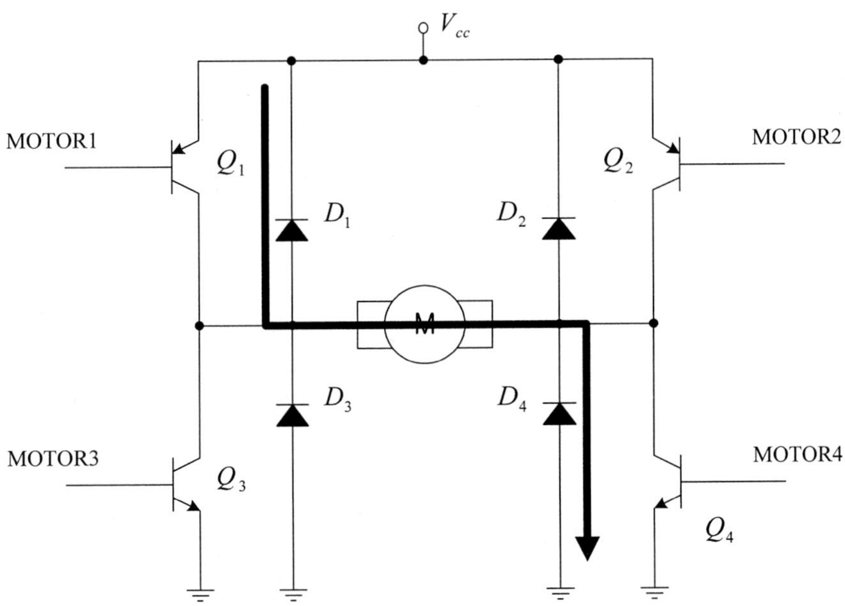

그림 2.3.12 Q_1과 Q_4가 ON일 때의 전류 흐름

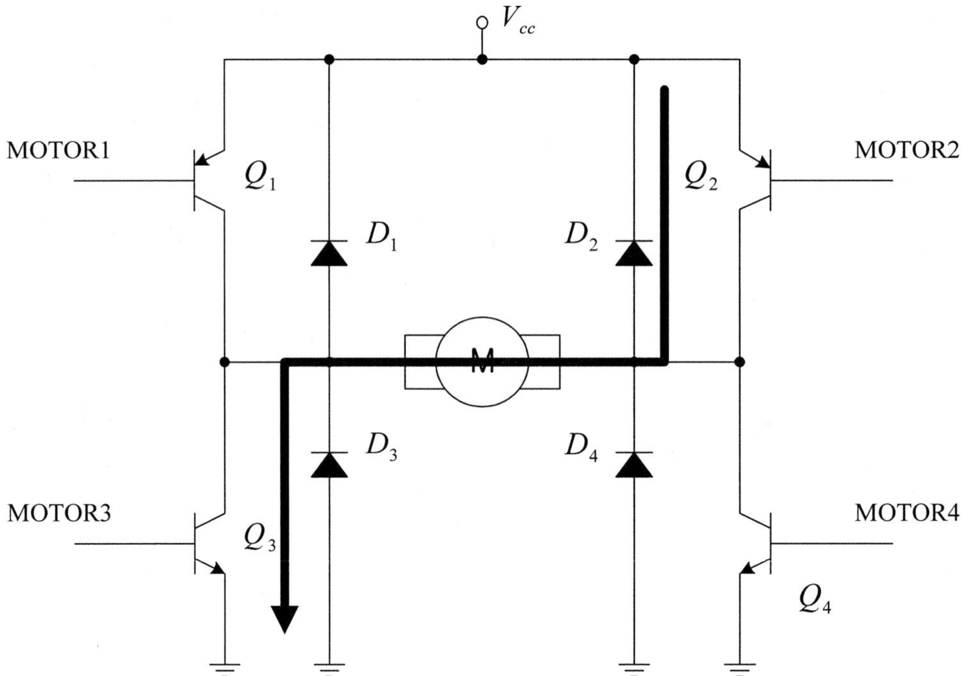

그림 2.3.13　Q_2과 Q_3가 ON일 때의 전류 흐름

❑ 보호용 다이오드의 동작

그림 2.3.11의 회로에서 다이오드는 트랜지스터를 보호하는 용도로 작용한다. 트랜지스터를 이용하여 인덕턴스 성분이 있는 부하에 전류를 ON/Off로 제어하는 경우에는 언제나 보호용 다이오드를 사용하여야 한다. 인덕턴스는 전류가 급격히 변하는 것을 방지한다. 인덕턴스 성분이 있는 부하에 트랜지스터로 전류를 제어하는 경우 트랜지스터가 ON에서 OFF 상태로 바뀔 때, 트랜지스터는 전류 공급을 중단하려고 한다. 하지만, 인덕턴스 성분의 부하는 전류를 계속 흘리려고 하고, 이로 인하여 OFF 상태의 트랜지스터를 통하여 강제로 전류를 흐르게 한다. 이러한 상황의 발생은 트랜지스터의 고장을 유발하는 원인이므로 트랜지스터가 ON에서 Off 상태로 변화하여 트랜지스터가 전류를 공급하지 않더라도 인덕턴스 부하에는 전류가 짧은 시간동안 흐를 수 있는 전류 경로를 만들어 주어야 한다. 보호용 다이오드를 사용하면 이 기능을 수행할 수 있다. 이렇게 트랜지스터가 ON에서 Off 상태로 변한 직후에 잠깐 동안 전류가 흐를 수 있도록 하는 다이오드를 free-wheeling 다이오우드라고 한다.

그림 2.3.14에는 보호용 다이오드의 동작을 나타내었다. Q_2와 Q_3가 ON 상태에서 OFF로 변하고, Q_1과 Q_4가 OFF에서 ON 상태로 변화하는 중간에 트랜지스터가 아닌 다

이오드로 전류가 흐르는 상황을 나타내었다.

Q_2와 Q_3가 ON인 상태에서는 DC 모터를 통하여 전류가 우측에서 좌측으로 전류가 흐른다. Q_2와 Q_3가 꺼지면서 Q_1과 Q_4가 켜지면 전류의 방향이 반대로 바뀌어야 하지만 인덕턴스 성분이 있는 DC 모터에서는 전류의 방향이 급격하게 변할 수 었다. 따라서, DC 모터를 통과하는 전류의 방향은 우측에서 좌측으로 변함이 없고, 이 경우에 전류는 D_1과 D_4를 통하여 흐르게 된다. 전류가 접지에서 전원 방향으로 흐르게 되므로 전류는 급격히 감소하게 된다. 전류가 반대방향으로 바뀌어 좌측에서 우측으로 흐르게 되면 다이오드는 동작을 멈추고 원래대로 Q_1과 Q_4를 통하여 흐르게 된다.

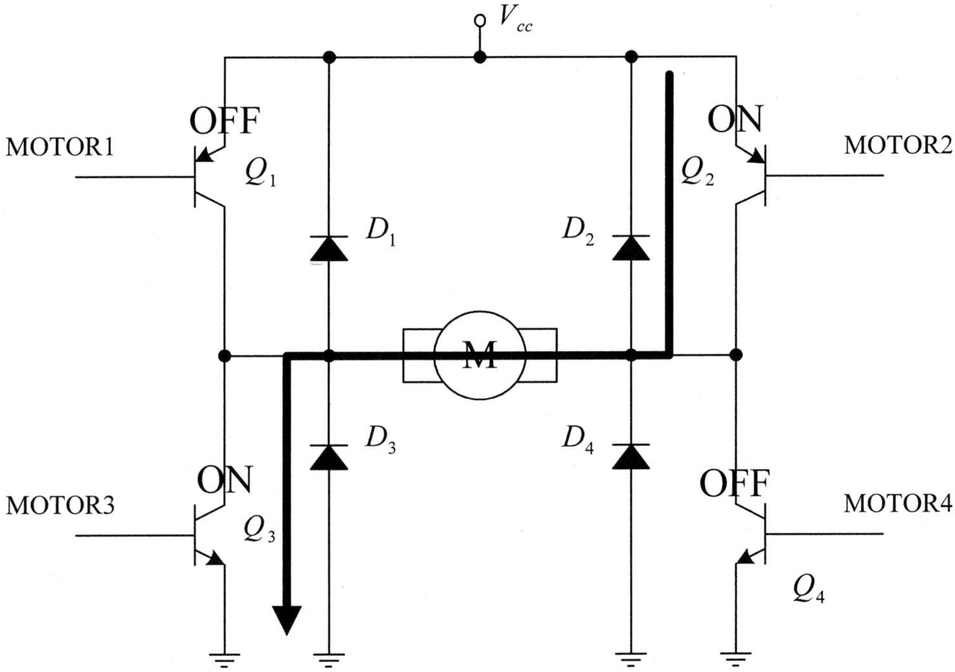

(a)

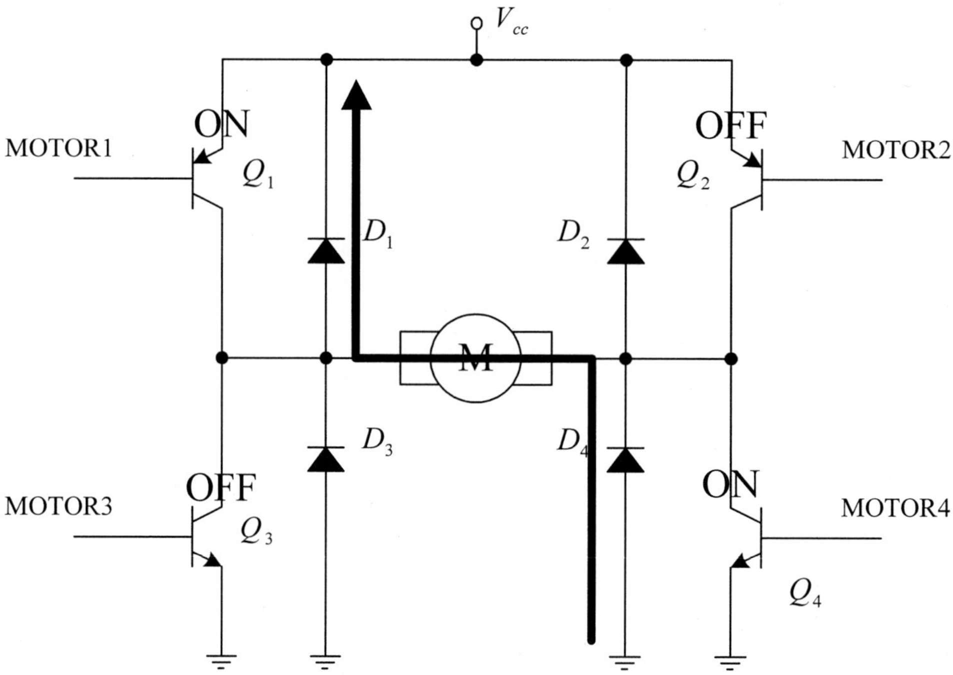

(b)

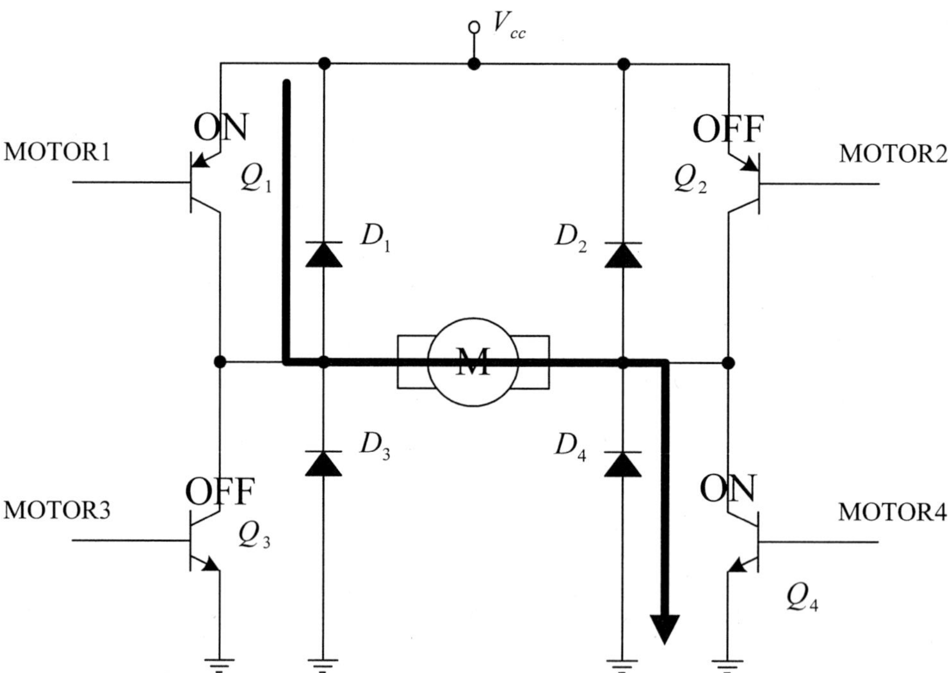

(c)

그림 2.3.14 보호용 다이오드의 동작

❑ PWM 드라이버 예시

PWM 방식의 모터 드라이버는 그림 2.3.11에 나타낸 바와 같이 트랜지스터와 다이오드를 이용하여 쉽게 구현할 수 있다. 하지만, PWM 모터 드라이버 IC는 시중에서 쉽게 구할 수 있으며, 개별 트랜지스터와 다이오드 등을 이용하여 H-브리지 회로를 직접 구현하는 것은 전체 시스템 구성에 있어서 매우 비효율적이다. IC 형태의 PWM 드라이버를 사용하게 되면 전체 시스템의 크기를 크게 줄이고 H 브리지 회로 구현의 번거로움을 줄이는 장점이 있다. 그림 2.3.15에는 가장 대표적인 H-브리지 PWM IC인 National Semiconductor 사의 L298의 내부 구조를 나타내었다.

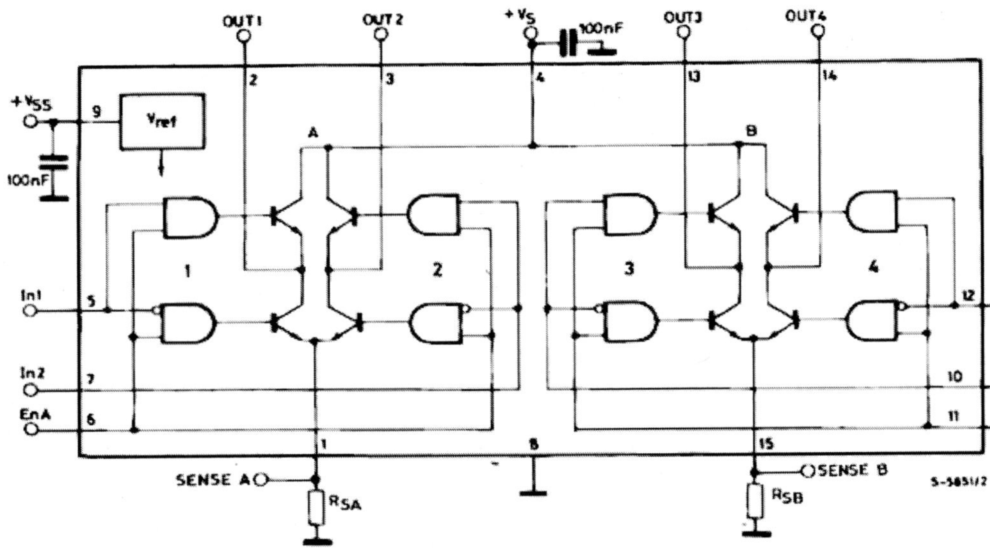

그림 2.3.15 National Semiconductor사의 L298 H-브리지

L298에는 2개의 full-bridge 회로가 내장되어 있어서 2개의 DC 모터를 구동할 수 있으므로 소형 이동로봇의 구동에 하나의 IC 만으로 대응이 가능하다. 또한, PWM 입력을 half-bridge 단위로 입력할 수 있어서 half-bridge 단위의 회로로 활용이 가능하다. 다만, 그림 2.3.15에 나타내었듯이 L298에는 보호용 다이오드가 내장되지 않았다. 따라서, 그림 2.3.16과 같이 보호용 다이오드를 추가하여 사용하여야 한다.

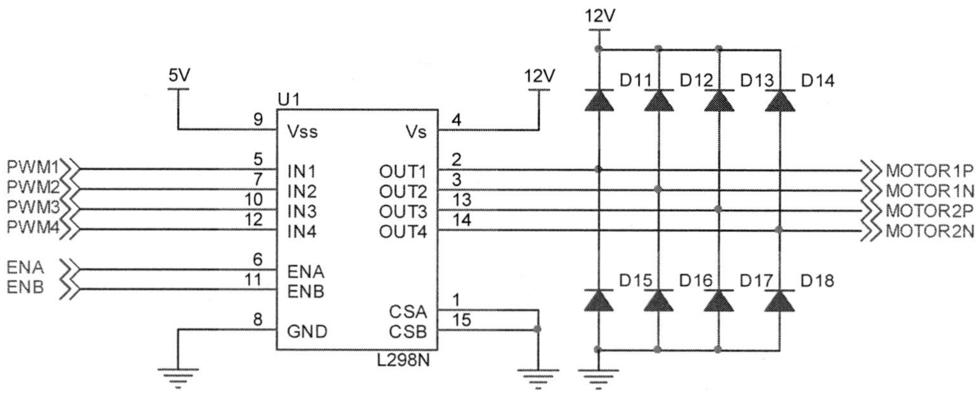

그림 2.3.16 L298응용 회로 예시(DC 모터 2개 구동)

(3) 선형 드라이버와 PWM 드라이버의 비교

선형 드라이버와 PWM 드라이버는 모두 그 내부에는 BJT(또는 FET)를 사용한다. BJT는 동작 상태에 따라 3가지 동작 모드로 구분되는데, 이를 정리하면 다음과 같다.

- 차단(Cutoff) 영역 : BJT를 통하여 전류가 흐르지 않는 상태
- 선형(Linear) 영역 : 컬렉터 전류가 베이스 전류의 β배 만큼 흐르는 상태
- 포화(Saturation) 영역 : 컬렉터와 에미터 전압이 줄어 전류 증폭률 β가 적용되지 않는 상태

BJT는 증폭회로 또는 On/Off 스위칭 회로에 사용될 수 있는데, 증폭회로에 사용되는 경우에는 선형 영역에서 동작한다. 반면, 스위칭 용도로 사용되는 경우에는 차단 영역 또는 포화 영역에서 동작한다.

선형 영역에서 동작할 때에는 입력되는 아날로그 전압을 선형적으로 증폭하여 신호의 형태는 유지할 수 있는 반면 항상 바이어스 전류가 흐르고 있으므로 트랜지스터 자체의 전력 소모가 크다. 반면, 스위칭 용도로 활용될 경우에는 디지털 적으로 ON/Off의 상태만을 가지므로 신호의 형태가 유지되지 않고 ON/Off 스위칭으로 인한 노이즈가 발생하지만, 차단 영역에서는 전류가 거의 없고 포화 영역에서는 트랜지스터에서의 전압 강하가 거의 없으므로 트랜지스터 자체의 소모 전력이 거의 없다. 트랜지스터 자체의 소모 전력은 열로 발생하므로 소모 전력이 작은 경우에는 큰 경우에 비하여 방열판이 작아도 되는 장점이 있다. 지금까지 설명한 선형 드라이버와 PWM 드라이버의 특성을 비교하면 표 2.3.2와 같다.

표 2.3.2 선형 드라이버와 PWM 드라이버의 비교

항목	선형 드라이버	PWM 드라이버
내부 BJT(FET) 동작 모드	선형 영역	On/Off
드라이버 자체 소모전력	크다	작다
방열판 크기	크다	작다
정밀도	높다	낮다
노이즈	적다	많다(스위칭 노이즈)
종합 분석	드라이버 자체의 소모 전력은 크지만, 스위칭 노이즈 등이 적어 고정밀 제어에 적합.	드라이버 자체의 소모 전력이 적어 대용량 모터 구동에 적합하지만, 스위칭 노이즈로 인하여 고정밀 제어에는 부적합

2.3.3 위치 및 속도 측정

DC 모터의 피드백 제어를 위해서는 모터의 회전 각도 또는 회전 각속도를 측정하여야 한다. 측정을 위한 다양한 센서를 활용할 수 있지만 모터 제어에 있어서 가장 널리 사용되는 센서는 로터리 엔코더(Rotary Encoder)를 꼽을 수 있다. 로터리 엔코더는 DC 모터의 회전축에 직결되어 사용된다. 센서의 방식으로는 광학식 엔코더와 자기식 엔코더로 구분할 수 있는데, 본 절에서는 광학식 엔코더를 기반으로 설명한다. 자기식 엔코더에서는 사용되는 센서 소자만 다를 뿐 출력 신호는 동일하다.

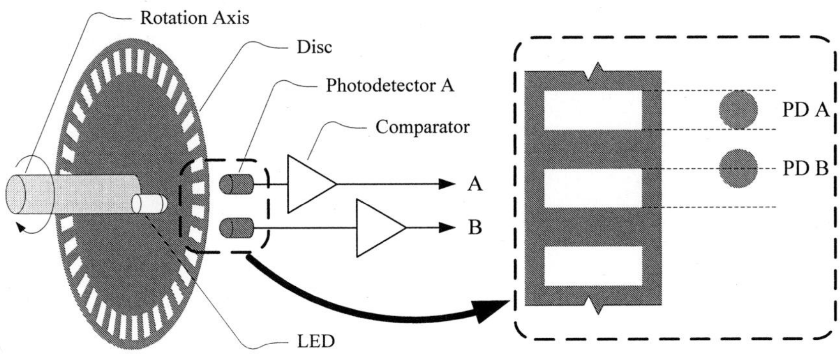

그림 2.3.17 광학식 로터리 엔코더의 구조

그림 2.3.17에는 광학식 로터리 엔코더의 구조를 나타내었다. 엔코더의 샤프트는 모터의 회전축에 연결되어 모터의 회전축과 같이 회전한다. 샤프트에는 많은 슬릿(Slit)이 균일하게 형성된 디스크가 고정되어 있어서 모터 회전에 따라 디스크가 같이 회전하게 된다. 디스크 앞과 뒤에는 적외선 LED와 2개의 포토디텍터(Photo Detector)가 배치되어 있다. 적외선 LED에서 출력된 광이 포토디텍터에 입사되어야 하는데, 그 사이에 슬릿이 형성된 디스크가 배치되어 있으므로 슬릿의 위치에 따라 빛이 통과하여 포토디텍터에 입사될 수도 있고 막힐 수도 있다. 포토디텍터는 적외선 LED에서 출력된 광이 입사되는 유무에 따라 디지털 적으로 low와 high 상태의 출력 신호를 생성한다. 결국, DC 모터가 회전하게 되면 엔코더의 디스크도 회전하게 되고, 디스크 회전에 따라 슬릿이 이동하게 되므로 모터의 회전 각도에 따라 포토디텍터의 출력 신호에 나타나는 low/high 상태의 개수가 결정된다. 디스크에 형성된 슬릿의 개수가 미리 알려져있으면 모터의 회전 각도는 포토디텍터의 low/high 출력 신호의 펄스 개수를 카운트하여 알아낼 수 있다. 광학식 엔코더는 디스크 상의 슬릿의 형태와 포토디텍터의 기계적 구조에 따라 Incremental 형태와 Absolute 형태로 나눌 수 있다.

❑ 증가형 엔코더

그림 2.3.18에는 증가형 광학식 엔코더(Incremental optical encoder)에 사용되는 슬릿과 출력 신호를 나타내었다. 디스크의 원주를 따라 빛이 투과될 수 있는 슬릿이 균일하게 배치된다. 슬릿의 개수는 엔코더에 따라 다를 수 있으며, 수십 개에서 수천 개에 이르도록 다양하다. 이렇게 형성된 슬릿 앞과 뒤에 LED와 포토디텍터를 2쌍 배치한다.

다만, 2개의 포토디텍터는 기구적으로 적절히 조절하여 디스크의 회전에 따라 발생하는 엔코더 신호의 위상이 90도의 위상차를 가지도록 배치하여야 한다. 이렇게 발생한 엔코더 신호를 통상적으로 엔코더 A상과 엔코더 B상이라고 부른다. 엔코더 A상과 B상은 발생하는 펄스의 수는 같지만 회전 방향에 따라 A상이 앞서거나 B상이 앞서게 된다. 두 신호의 위상 순서를 이용하여 모터의 회전 방향을 감지하게 된다.

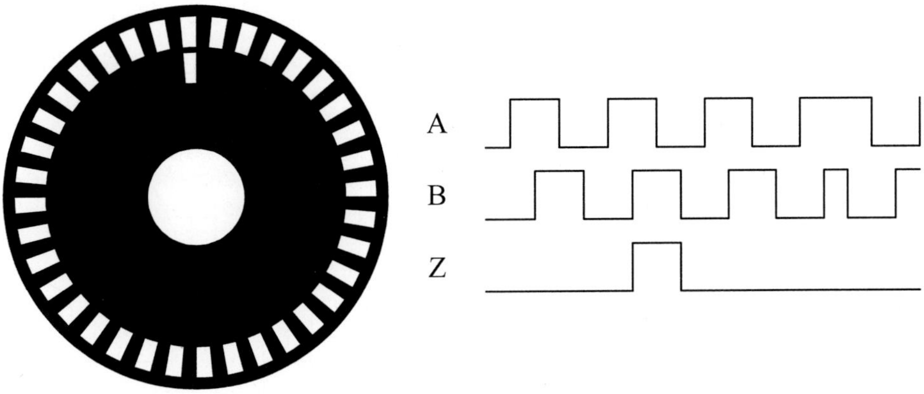

그림 2.3.18 증가형 광학식 엔코더의 디스크

또한, 모든 엔코더에 내장되지는 않지만 일부 고급 엔코더에는 디스크 1 회전당 1개의 펄스가 발생하는 인덱스 상이 내장되기도 한다. 이 신호는 엔코더 Z상으로 불리기도 한다. 엔코더 슬릿의 개수를 알고 있다면 반드시 필요한 신호는 아니지만 엔코더 디스크의 1회전을 정확히 감지할 수 있는 방법으로 사용된다.

엔코더에서 발생하는 A와 B상의 위상차를 감지하여 모터의 회전 방향을 감지한 후 회전 방향에 따라 A상 또는 B상의 펄스 수를 up/down 카운트하면 현재 모터의 회전 각도를 감지할 수 있다.

❑ 절대형 엔코더

Incremental optical 엔코더에서는 시간적으로 상대적인 회전 각도를 알아낼 수 있다. 즉, 초기 상태에서 엔코더 카운터의 값을 0으로 초기화하고, 그 시점으로부터 발생한 엔코더 A상 또는 B상의 펄스 개수를 카운트하므로 초기 위치 대비 현재 회전 각도를 알아내는 방식이다.

반면, absolute optical 엔코더에서는 이러한 초기화 과정 없이 현재 엔코더 디스크의 회전 각도를 바로 알아낼 수 있다. 그림 2.3.19에는 absolute optical 엔코더의 개념 및 출력 신호를 나타내었다. 그림 2.3.19에는 4비트의 그레이 코드로 회전 각도를 출력하는 엔코더의 슬릿을 예시하였다. LED와 포토디텍터는 G0, G1, G2, 그리고 G3에 각각 1쌍이 배치된다. G0에 해당하는 슬릿은 한 회전당 4개, G1에는 2개 G3와 G4에는 각각 1개의 슬릿을 배치하여 디스크 회전에 따라 G0에서 G3에는 그림과 같은 그레이 코드가 출력되도록 한다.

엔코더 출력 신호로부터 회전 각도를 알아내는데 별도의 신호처리 및 엔코더 카운터가 필요하지 않으므로 비교적 간편하게 사용할 수 있다. 하지만, 디스크의 슬릿 형상이 복잡하고 해상도를 높이기 위해서는 포토디텍터의 수가 크게 증가하는 등의 요인으로 가격이 상당히 비싸다. 이러한 이유로 고가의 산업용 로봇 등에 제한적으로 활용된다.

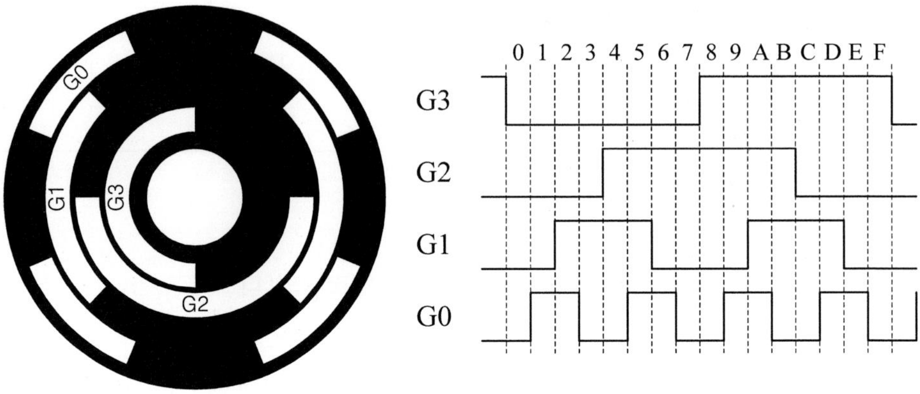

그림 2.3.19 절대형 광학식 엔코더의 디스크

표 2.3.3에는 Incremental 엔코더와 Absolute 엔코더의 장단점을 비교하였다. Absolute 엔코더는 사용이 편리한 반면 가격이 높은 단점이 있으므로 일반적인 시스템에서는 비교적 가격이 저렴한 Incremental 엔코더를 사용한다. Incremental 엔코더에서는 엔코더 A상과 B상을 정확히 카운트하면 각도를 측정하는 데는 어려움이 없지만 초기위치 설정을 위한 엔코더 외의 별도 센서를 사용하여야 하는 불편함이 있다.

표 2.3.3 Incremental 엔코더와 Absolute 엔코더의 비교

항목	Absolute 엔코더	Incremental 엔코더
디스크 슬릿	복잡	단순
LED/포토디텍터	많다	적다
회전 각도 초기화	불필요	필요
가격	고가	저가
초기위치 센서	불필요	필요
엔코더 카운터	불필요	필요
종합 분석	회전 각도 초기화 및 엔코더 카운터 등이 불필요하므로 사용은 편리하나 고가인 관계로 고가의 시스템에만 일부 사용됨.	회전 각도의 초기화 및 엔코더 카운터 등이 반드시 필요하므로 사용은 불편하지만 Absolute 타입에 비하여 저가이므로 널리 사용됨.

❑ 자기식 엔코더의 구조

자기식 엔코더는 기본 센서로 광학식 LED와 포토디텍터를 사용하지 않고 자기 소자를 사용한다는 것 외에는 광학식 엔코더와 출력 신호는 동일하다. 심지어는 출력 신호만 보면 광학식 엔코더인지 자기식 엔코더인지 구별이 불가능한 경우가 대부분이다. 그림 2.3.20에는 자기식 엔코더의 구조를 나타내었다.

광학식 엔코더와 같이 샤프트에 디스크가 고정되는데, 광학식에서는 디스크에 미세한 슬릿이 형성되는 방면 자기식 엔코더의 디스크에는 영구자석이 배치된다. 기술의 발전으로 디스크에 여러 개의 영구자석을 배치할 수 있으며, 영구자석의 수가 광학식 엔코더의 슬릿 수에 해당한다. 또한, 광학식 엔코더에서는 LED와 포토디텍터를 사용하여 회전 각도를 검출한 반면 자기식에서는 디스크에 형성된 영구자석의 자기장을 검출하는 용도로 자기검출소자인 홀(Hall) 소자를 활용한다. 결국, 홀 소자에 검출되는 디스크 상의 영구자석의 자기장을 펄스 형식으로 출력하고, 이를 카운트하여 Incremental 엔코더로 활용하게 된다. 다만, 광학식 엔코더에 비하여 디스크에 형성할 수 있는 영구자석의 수가 제한되므로 해상도는 광학식 엔코더에 비하여 다소 떨어지는 단점이 있지만 광학식 엔코더에 비하여 가격이 저렴한 장점이 있다.

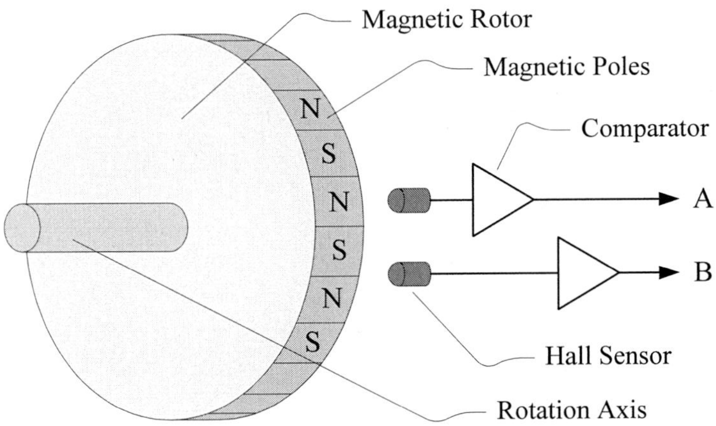

그림 2.3.20 자기식 엔코더의 구조

❑ Incremental 엔코더의 회전 방향 검출

Incremental 엔코더에서는 회전 방향 검출을 위하여 엔코더 A상과 B상이 서로 90도의 위상차를 가지고 출력된다고 설명하였다. 그림 2.3.21에는 회전 방향에 따른 엔코더 A상과 B상의 출력 신호를 나타내었다. 좌측은 시계방향으로 회전할 때를 예시한 것으로 A상이 B상의 신호보다 90도 앞서고 있고, 우측은 반시계방향으로 회전하는 경우로 B상이 A상보다 90도 앞서고 있다.

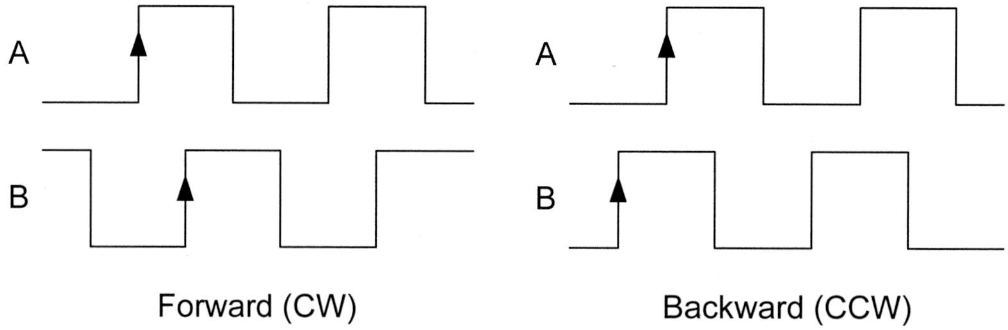

그림 2.3.21 회전 방향에 따른 A상과 B상의 위상차

엔코더에서는 출력 신호의 에지가 나타나야 회전 방향을 감지할 수 있다. 즉, 회전 방향은 A상의 posedge 또는 negedge, B상의 posedge 또는 negedge에서 검출이 가능하다. 그림 2.3.21에서 시계 방향으로 회전할 때를 회전방향 high, 반시계방향으로 회전할 때를 회전방향 low로 설정하면 회전 방향은 표 2.3.4를 이용하여 알아낼 수 있다.

표 2.3.4 엔코더 A상과 B상을 이용한 회전방향 검출

회전방향	엔코더 A상	엔코더 B상	위상
시계방향 (High)	↓	High	A상이 빠름
	Low	↓	
	↑	Low	
	High	↑	
반시계방향 (Low)	↓	Low	B상이 빠름
	Low	↑	
	↑	High	
	High	↓	

❑ Incremental 엔코더의 회전 각도 검출

회전 방향이 검출된 후 회전 각도는 회전 방향을 바탕으로 up/down 카운트하여 확인할 수 있다. 여기서 엔코더 디스크에 형성된 슬릿의 수가 N개인 경우를 가정하면 회전 각도 θ는 다음과 같이 구할 수 있다.

$$\theta = \text{count} \times \frac{360}{N}[\text{deg}] \tag{2.3.4}$$

회전 각도를 알아내는 최소 단위인 해상도는 슬릿의 수인 N과 관련되어 $360/N[\text{deg}]$로 나타낼 수 있다. (2.3.5)에 사용된 count는 엔코더 카운터의 값을 나타내는데, 회전 방향에 따라서 up/down 카운트하는 방식에 따라 표 2.3.5와 같이 구별된다. 1체배, 2체배, 4체배로 구분할 수 있는데, 체배가 올라감에 따라 동일한 엔코더를 사용하더라도 측정 가능한 최소 각도인 해상도는 점차 향상되는 것을 확인할 수 있다.

표 2.3.5 엔코더 카운터 모드 및 해상도

카운터 모드	카운터	해상도
1체배	■ A상과 B상 중 하나만 사용 ■ 사용되는 상의 posedge 또는 negedge 중 하나에서만 엔코더 카운터 up/down ■ 엔코더 신호 한 주기당 ±1	$\frac{360}{N}[\text{deg}]$
2체배	■ A상과 B상 중 하나만 사용 ■ 사용되는 상의 posedge와 negedge 모두에서 엔코더 카운터 up/down ■ 엔코더 신호 한 주기당 ±2	$\frac{360}{2N} = \frac{180}{N}[\text{deg}]$
4체배	■ A상과 B상 모두 사용 ■ A상과 B상의 posedge와 negedge 모두에서 엔코더 카운터 up/down ■ 엔코더 신호 한 주기당 ±4	$\frac{360}{4N} = \frac{90}{N}[\text{deg}]$

❑ Incremental 엔코더를 이용한 회전 각속도 검출

엔코더를 이용하면 회전 각도 뿐만 아니라 회전 각속도를 검출할 수 있다. 엔코더의 회전에 따라 엔코더 펄스인 A상과 B상이 구형파 형식으로 발생하는데, 회전 속도는 출력 구형파의 주파수와 관련된다. 즉, 고속으로 회전할 때는 구형파의 주파수가 높고, 저속으로 회전할 때는 구형파의 주파수가 낮다. 결국, 엔코더 신호의 주파수를 검출하면 회전 각속도를 검출할 수 있다.

통상적으로 엔코더를 이용한 회전 각속도 검출은 2가지 방법을 적용할 수 있다.

■ 단위 시간당 엔코더 펄스 수 측정 : 일정한 시간 동안 변화된 엔코더 카운터의 값을 구하고, 그 값을 단위 시간으로 나누는 방법. 엔코더 슬릿 수를 N, 엔코더 카운트 변화량을 Δcount, 단위 시간을 ΔT로 하면 회전 각속도는 (2.3.6)으로 표현됨

$$\omega = \frac{360}{N} \times \frac{\Delta \text{count}}{\Delta T} [\text{deg/sec}] \tag{2.3.6}$$

■ 엔코더 펄스의 주기 측정 : 엔코더 펄스의 한 주기는 단위 각도를 회전하는데 소요되는 시간인데, 이 시간을 엔코더 신호보다 빠른 클럭으로 카운트하여 측정한 후 단위 각도인 해상도를 나누어 주는 방법. 엔코더 슬릿 수를 N, 측정용 클럭의 주기를 T_{CLK}, 측정용 클럭 카운터의 값을 Δclkcnt 라고 하면 회전 각속도는 (2.3.7)로 표현됨.

$$\omega = \frac{360}{N} \times \frac{1}{T_{CLK} \times \Delta \text{clkcnt}} [\text{deg/sec}] \tag{2.3.7}$$

표 2.3.6에는 회전 각속도를 검출하는 두 가지 방식의 장단점을 비교하였다. 일반적으로 단위 시간당 엔코더 펄스 수 방식은 고속으로 동작할 때 우수하며, 엔코더 펄스 주기 측정 방식은 저속에서 속도 분해능이 우수하게 나타난다.

표 2.3.6 엔코더를 이용한 회전 각속도 검출

각속도 검출 방법	장점	단점
단위 시간당 엔코더 펄스 수 방식	■ 엔코더 카운터 외의 추가 카운터 불필요 ■ 고속에서 속도 분해능이 우수함	■ 저속에서 펄스 수의 변화량이 적으므로 분해능이 불량함
엔코더 펄스 주기 측정 방식	■ 저속에서 속도 분해능이 우수함	■ 엔코더 카운터 외의 추가 카운터 필요 ■ 고속에서 클럭 카운트 수의 변화량이 적으므로 분해능이 불량함

2.3.4 디지털 PID 제어기

DC 모터의 피드백 제어에 가장 널리 활용하는 제어기는 PID 제어기이다. PID 제어기를 구현하는 방법은 아날로그 방식과 디지털 방식으로 구분할 수 있는데, 디지털 방식으로 PID 제어기를 구현하는 것은 간단한 마이크로 프로세서 프로그래밍으로 처리가 가능하므로 널리 활용된다. 본 절에서는 디지털 PID 제어기를 구현하는 방법에 대하여 설명한다.

❑ 샘플링

모든 디지털 제어 또는 디지털 신호처리에서와 마찬가지로 디지털 PID 제어기를 구현함에 있어서도 정주기 샘플링은 필수적이다. 구체적인 샘플링 주파수는 대상 시스템의 동특성 및 제어 대역에 따라 다르겠지만 DC 모터를 제어하는 일반적인 시스템에서는 대략 1 kHz의 샘플링 주파수가 보편적이며, 경우에 따라서 수백 Hz에서 10 kHz까지 사용할 수 있다. 통상적으로 샘플링 주파수는 높을수록 좋지만 과도하게 높은 샘플링 주파수는 연산량만 증가시킬 뿐 효과가 없으므로 앞서 설명한대로 1 kHz의 샘플링 주파수 정도면 충분한 효과를 거둘 수 있다.

디지털 제어기는 많은 경우 마이크로 프로세서 또는 DSP(Digital Signal Processor)의 펌웨어 형태로 구현되는데, 정주기 샘플링은 이러한 디지털 프로세서에 내장된 내장 타이머를 구동하여 구현할 수 있다. 타이머를 샘플링 주파수의 빠르기로 발생시키고, 해당 인터럽트 서비스 루틴에 PID 제어기를 구현한다.

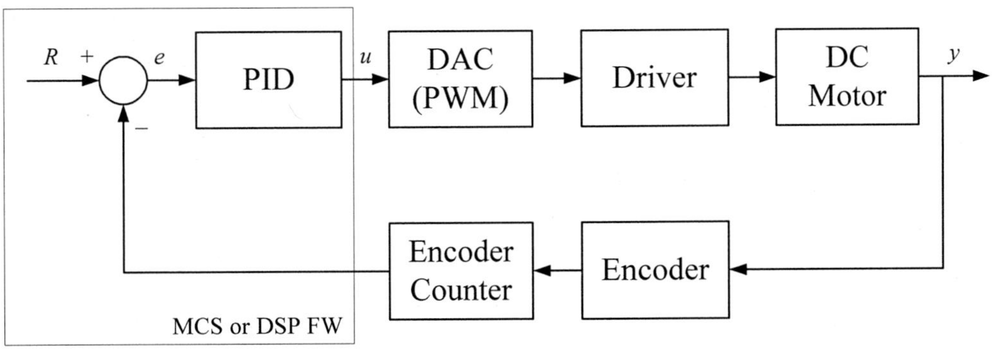

그림 2.3.22 DC 모터의 디지털 피드백 제어 시스템 블록선도

❑ 디지털 PID 제어기 구현

그림 2.3.22에는 DC 모터의 디지털 피드백 제어기를 위한 블록선도를 나타내었다. 그림에서 엔코더 카운터와 레퍼런스 입력으로부터 에러를 연산하고, PID 제어기 연산을 수

행하는 부분이 프로세서의 펌웨어로 구현된다. 디지털 PID 제어기를 위한 펌웨어에서는 다음의 기능을 순차적으로 수행한다.

- 엔코더 카운터로부터 회전 각도(또는 각속도) 획득: 엔코더 펄스를 up/down 카운트한 값을 프로세서에서 읽어들인다. 카운트 값은 단순한 정수인데, 여기에 (2.3.5)에 명시한 해상도를 곱하여 각도 단위로 변환한다. 속도 제어의 경우에는 (2.3.6) 또는 (2.3.7)에 따라 각속도 단위로 변환한다. 경우에 따라 모터의 회전축에 기어를 사용한 경우 기어비도 같이 고려하여야 정확한 각도를 연산할 수 있다.

- 오차 연산 : 그림 2.3.22에서 레퍼런스 입력으로 사용된 값은 목표 각도 또는 목표 각속도에 해당한다. 이 레퍼런스 입력에서 측정된 각도 또는 각속도를 빼면 각도 오차 또는 속도 오차를 구할 수 있다. 이는 각각 (2.3.8) 또는 (2.3.9)와 같이 정리된다.

$$e_P = r_P - \theta \tag{2.3.8}$$

$$e_v = r_v - \omega \tag{2.3.9}$$

- PID 연산 : PID 제어기에서는 앞에서 구한 각도 또는 각속도 오차로부터 DC 모터에 인가할 제어 입력 u를 연산한다. PID 연산은 (2.3.10)과 같다. 하지만, 오차의 미분과 적분을 마이크로 프로세서에 적합하도록 근사화하면 (2.3.11)과 같다. 여기서 K_P, K_D, K_I는 각각 PID 계수에 해당한다.

$$u(t) = K_P \times e(t) + K_D \times \frac{de(t)}{dt} + K_I \times \int_t e(\tau)d\tau \tag{2.3.10}$$

$$u[k] \cong K_P \times e[k] + K_D \times \frac{e[k]-e[k-1]}{\Delta T} + K_I \times \sum_{n=0}^{k} e[n]\Delta T \tag{2.3.11}$$

- DAC(PWM) 출력 : PID 연산된 제어입력은 DAC 또는 PWM 생성기를 통하여 드라이버로 출력된다. 프로세서의 펌웨어에서는 PID 연산 후 DAC 또는 PWM 생성기에 연산 결과를 출력하는 것으로 마무리 된다. 이 때, PID 연산에서 생

성된 값은 실수이므로 이를 DAC 또는 PWM 생성기에 적합한 정수형으로 변환하여 출력하여야 한다. 변환 방법은 DAC 또는 PWM 생성기의 데이터 비트 수 및 변환 범위를 고려하여 결정하여야 한다. 또한, 블록선도에는 명시적으로 표현되지는 않았지만 이러한 변환 과정에서 오버플로우를 방지하기 위해서는 반드시 연산된 제어입력을 일정 범위 내로 제한하는 포화 블록을 거친 후 변환하여야 한다.

❑ PID 계수의 튜닝

수 많은 제어 알고리즘 중에서 PID 제어기가 DC 모터 제어에 가장 널리 사용되는 이유는 대상 DC 모터의 정확한 수학적 모델을 모르더라도 튜닝을 통하여 원하는 성능을 얻을 수 있기 때문이다. 하지만, PID 제어기의 튜닝을 위해서는 기본적은 PID 계수가 시스템에 미치는 영향을 숙지해야 한다. 본 사항은 PID 제어기와 관련한 제어공학에서 학습하는 내용이지만 그 내용을 요약하면 표 2.3.7과 같다.

표 2.3.7 PID 계수가 시스템에 미치는 영향

계수	높일 때	낮출 때
P gain	■ 응답 속도 빠름 ■ 정상상태 오차 감소 ■ 오버슛 증가 ⇒ 불안정	■ 응답 속도 느림 ■ 정상상태 오차 증가 ■ 오버슛 감소 ⇒ 안정
D gain	■ 오버슛 감소 ■ 노이즈에 민감	■ 오버슛 증가 ■ 노이즈에 둔감
I gain	■ 정상상태 오차 감소 ■ 오버슛 증가 ⇒ 불안정 ■ 와인드업 현상 발생 가능	■ 정상상태 오차 증가 ■ 오버슛 감소 ⇒ 안정

표 2.3.7에 정리한대로 각 PID 계수를 변화시키면 시스템의 성능을 향상하는 반면 안 좋게 바뀌는 부분도 있다. 이러한 이유로 성능과 안정도 사이에서 적절히 균형을 맞추어 제어 계수를 설정하여야 한다. 이를 위한 보편화된 튜닝 절차를 정리하면 다음과 같다.

- P gain 초기 설정 : I gain과 D gain은 0으로 설정한 상태에서 P gain을 가능한 작은 값으로 설정한 후 스텝 응답을 확인한다. 경우에 따라 P gain의 극성이 반대일 경우 네거티브 피드백(negative feedback)이 되지 않고 파지티브 피드백(positive feedback)이 구성되어 시스템이 발산할 수 있으므로 이에 주의하여야 한다.

- P gain 튜닝 : P gain을 점점 증가시키면서 스텝 응답이 원하는 응답 속도를 가질 때까지 증가시킨다. 일반적으로 P gain은 클수록 빠른 응답특성을 가지지만 제어 입력이 포화되면 더 이상 P gain을 증가시켜도 효과가 없으므로 제어 입력도 같이 관찰하면서 심하게 포화되지 않는 범위 내에서 P gain을 증가한다.

- D gain 튜닝 : P gain을 증가시켜서 원하는 응답 속도를 얻으면 대부분의 경우 오버슛이 크게 발생한다. 오버슛은 시스템이 불안정해진다는 의미이므로 이를 줄일 필요가 있다. D gain을 점차 증가시켜서 응답 속도가 크게 변화하지 않는 범위 내에서 오버슛을 줄인다. D gain을 과도하게 증가시키면 시스템의 응답 속도가 느려짐과 동시에 제어 입력에 많은 노이즈가 포함되므로 적절한 선에서 고정한다.

- I gain 튜닝 : 마지막으로 I gain을 튜닝하여 정상상태 오차를 최소화한다. I gain은 정상상태 오차를 줄이는 반면 과도응답구간에서 오버슛을 증가시키는 효과를 가져온다. 오버슛이 크게 변하지 않는 상황에서 정상상태 오차를 줄이는 값으로 튜닝한다. 과도한 I gain은 오버슛의 증가 뿐만 아니라 시스템에 치명적인 와인드업 현상을 유발할 수 있으므로 주의한다.

2.3.5 제어 목적에 적합한 제어 시스템 구조

제어 시스템에서는 제어 목적에 따라 다른 제어 시스템 구조를 적용한다. DC 모터를 이용한 제어 시스템에서의 제어 목적은 크게 위치 제어와 속도 제어로 나눌 수 있다. 또한, 각각은 레귤레이션(Regulation)과 트래킹(Tracking) 제어로 구분할 수 있다. 레귤레이션 제어는 트래킹 제어의 범주에 포함되기도 하지만 많은 경우 두 경우에 약간 다른 제어 구조를 적용한다. 표 2.3.8에는 대표적인 제어 문제를 구분하여 설명하였다.

표 2.3.8 DC 모터를 이용한 제어의 구분

	위치 제어	속도 제어
레귤레이션	■ 모터의 회전축이 일정한 각도로 유지되도록 제어	■ 모터의 회전축이 일정한 각속도로 회전하도록 제어
트래킹	■ 모터의 회전축 각도가 일정한 위치 궤적을 추종하도록 제어	■ 모터의 각속도가 일정한 속도 궤적을 추종하도록 제어

❑ 위치 레귤레이션 제어(Position Regulation Control)

위치 레귤레이션 제어에서는 DC 모터 회전축의 각도가 일정하게 유지되도록 제어한다. 외부에서 외란이 인가되더라도 레퍼런스 입력에서 지정한 각도를 유지하는 특성이 있다. 이에 적합한 제어 구조는 그림 2.3.23에 나타내었으며, 각 기호의 의미는 다음과 같다. 여기서는 제어 시스템의 이론적 분석이 목적이므로 센서, PWM 생성기, 드라이버 회로 등은 제어기 또는 플랜트에 포함되는 것으로 간주하여 생략하였다.

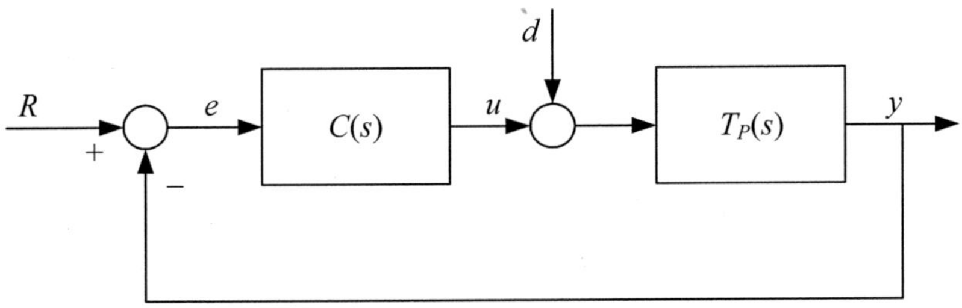

그림 2.3.23 DC 모터의 위치 레귤레이션 제어 시스템

- R : DC 모터의 레퍼런스 각도
- e : 각도 제어 오차
- u : 제어 입력
- d : 외란
- y : DC 모터의 회전 각도
- $C(s)$: 제어기
- $T_P(s)$: DC 모터의 위치 모델

그림 2.3.23에서 $T_P(s)$는 DC 모터의 위치 모델로 일반적으로 다음과 같은 2차 전달함수 형태로 나타난다.

$$T_P(s) = \frac{K}{s(s+\alpha)} \tag{2.3.12}$$

여기서 α와 K는 대상 DC 모터에 따라 결정되는 고유의 파라미터이다. $C(s)$는 통상적으로 PID 제어기로 구현된다. d와 R로부터 y까지의 전달함수를 정리하면 다음과 같다.

$$y = \frac{C(s)T_P(s)}{1+C(s)T_P(s)}R + \frac{T_P(s)}{1+C(s)T_P(s)}d \tag{2.3.13}$$

제어 목적을 보면 DC 모터의 출력 y는 R과 같을수록 좋고, 외란 d는 출력 y에 나타나지 않을수록 좋다. 이러한 제어 목적을 달성하는 가장 단순한 방법은 제어기 $C(s)$의 이득을 충분히 크게 설정하면 (2.3.13)은 다음과 같이 근사화 된다.

$$y \approx R \tag{2.3.14}$$

하지만, $C(s)$의 이득을 증가시키는 것은 전체 시스템의 안정도 여유를 감소시켜서 시스템이 불안정해지는 경향이 있으므로 성능과 안정도 측면에서의 조절이 필요하다.

❑ 속도 레귤레이션 제어(Velocity Regulation Control)

위치 레귤레이션 제어에서는 DC 모터 회전축의 각도가 일정하게 유지되도록 제어한다. 외부에서 외란이 인가되더라도 레퍼런스 입력에서 지정한 각도를 유지하는 특성이 있다. 이에 적합한 제어 구조는 그림 2.3.24에 나타내었으며, 그림 2.3.23에서 추가된 기호를 설명하면 다음과 같다.

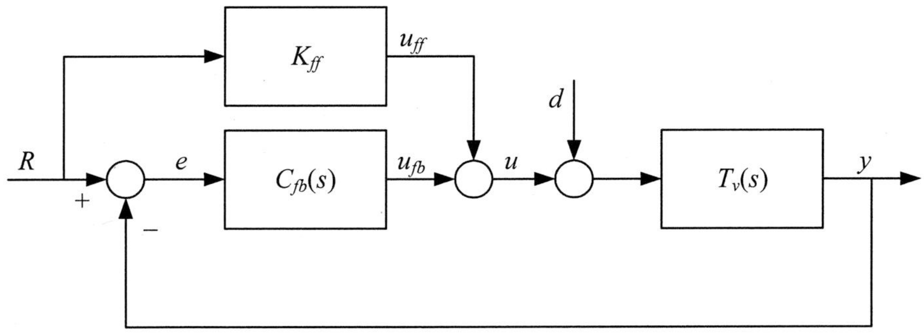

그림 2.3.24 DC 모터의 속도 레귤레이션 제어 시스템

- K_{ff} : 피드포워드 계수
- u_{ff} : 피드포워드 제어 입력
- u_{fb} : 피드백 제어 입력
- $T_v(s)$: DC 모터의 속도 모델

그림 2.3.24의 속도 레귤레이션 제어 시스템은 그림 2.3.23의 위치 레귤레이션 제어 시스템에서 DC 모터의 모델이 위치 모델에서 속도 모델로 변경된 것 이외에 피드포워드 항목이 추가되었다. 앞에서 살펴본 DC 모터의 위치 제어에서는 DC 모터의 회전 각도를 일정하게 유지하는 것으로 DC 모터가 목표 회전 각도 위치로 이동한 후에는 DC 모터에 전압이 거의 인가되지 않는다. 반면, DC 모터를 일정한 속도로 제어하기 위해서는 일정한 전압이 DC 모터에 계속 인가되어야 한다. 피드포워드 블록이 없으면 이러한 전압도 모두 피드백 제어기에서 생성하여야 하는데, 피드백 제어기에 적분기가 없으면 0이 아닌 제어 오차가 있을 때에만 제어 입력이 생성된다. 즉, 그림 2.3.23의 제어 구조에서는 피드백 제어기에 적분기가 없으면 속도 오차는 절대 0이 될 수 없다.

적분기를 포함하는 제어기를 사용하는 것도 하나의 방법이지만, 이는 안정도를 나쁘게 하는 요인으로 작용한다. DC 모터의 속도 모델은 다음과 같이 표현된다.

$$T_V(s) = \frac{K}{s+\alpha} \tag{2.3.15}$$

(2.3.15)의 전달함수는 1차인 관계로 피드백 제어 시스템에 P 게인만 사용하는 경우 위상 여유가 90도가 확보되므로 매우 우수한 시스템 안정도를 가진다. 만약 I 게인을 사

용하여 적분기가 추가되면 피드백 제어 시스템은 2차가 되므로 안정도 여유를 확보하기 위하여 D 게인도 사용하는 등의 필요성이 발생한다. 이러한 문제를 제거하는 방법이 K_{ff}를 사용하여 DC 모터를 일정한 속도로 회전시키기 위한 피드포워드 제어 입력을 생성하고, 그 상황에서 나타나는 작은 속도 오차를 피드백 제어기로 제거하도록 하면 시스템 안정도도 확보하면서 속도 오차를 줄일 수 있다. 전체 시스템의 입출력 관계를 나타내면 다음과 같다.

$$y=\frac{C(s)T_V(s)}{1+C(s)T_V(s)}R+\frac{T_V(s)}{1+C(s)T_V(s)}K_{ff}R+\frac{T_V(s)}{1+C(s)T_V(s)}d \tag{2.3.16}$$

여기서 $K_{ff}=\alpha/K$로 설정하면 정상상태에서의 출력은 다음과 같은 관계로 요약된다.

$$y\cong R+\frac{T_V(s)}{1+C(s)T_V(s)}d \tag{2.3.17}$$

□ 위치 트래킹 제어(Position Tracking Control)

그림 2.3.25에는 그림 2.3.23에서 설명한 위치 레귤레이션 제어를 위치 트래킹 제어로 확장한 제어 구조를 나타내었다.

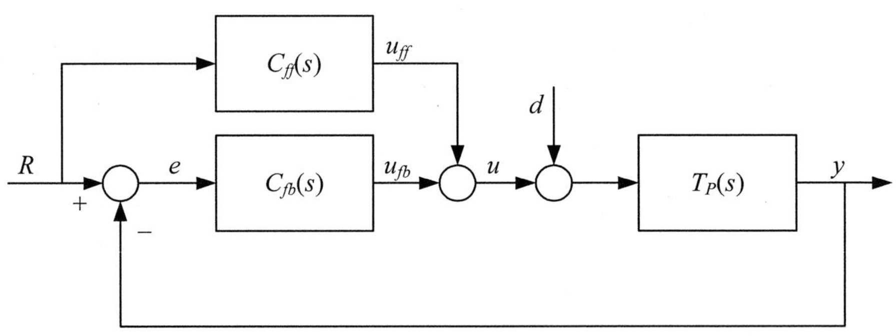

그림 2.3.25 DC 모터의 위치 트래킹 제어 시스템

- $C_{ff}(s)$: 피드포워드 제어기

그림 2.3.23에서는 목표 회전 각도인 R이 상수인 반면 그림 2.3.25에서의 R은 시간에 따라서 변화하는 궤적을 가진다. 이에 대응하기 위해서 피드포워드 제어기가 추가되었으며, 피드포워드 제어기를 추가한 이유는 속도 레귤레이션 제어 시스템에서의 이유와 동일하다. 다만, 레퍼런스 입력인 R이 상수가 아니고 시간에 따라 변화하는 신호이므로 피드포워드 블록이 상수가 아니다. R과 d로부터 출력 y까지의 전달함수를 표현하면 다음과 같다.

$$y = \frac{C(s)T_P(s)}{1+C(s)T_P(s)}R + \frac{T_P(s)}{1+C(s)T_P(s)}C_{ff}(s)R + \frac{T_P(s)}{1+C(s)T_P(s)}d \tag{2.3.18}$$

여기서 $C_{ff}(s) = T_P^{-1}(s)$로 설정한다면 다음과 같이 요약된다.

$$y \cong R + \frac{T_P(s)}{1+C(s)T_P(s)}d \tag{2.3.19}$$

다만, DC 모터의 위치 모델이 (2.3.12)와 같이 분모의 차수가 높기 때문에 피드포워드 제어기는 다음과 같이 수정하여야 한다.

$$C_{ff}(s) = \frac{\beta^2 s(s+\alpha)}{K(s+\beta)^2} \tag{2.3.20}$$

여기서 β는 α보다 충분히 큰 값으로 설정하여야 한다.

❑ 속도 트래킹 제어(Velocity Tracking Control)

그림 2.3.26에는 그림 2.3.24에서 설명한 혹도 레귤레이션 제어를 속도 트래킹 제어로 확장한 제어 구조를 나타내었다. 결과적인 제어 구조는 그림 2.3.25의 위치 트래킹 제어 시스템과 동일한 구조를 가진다.

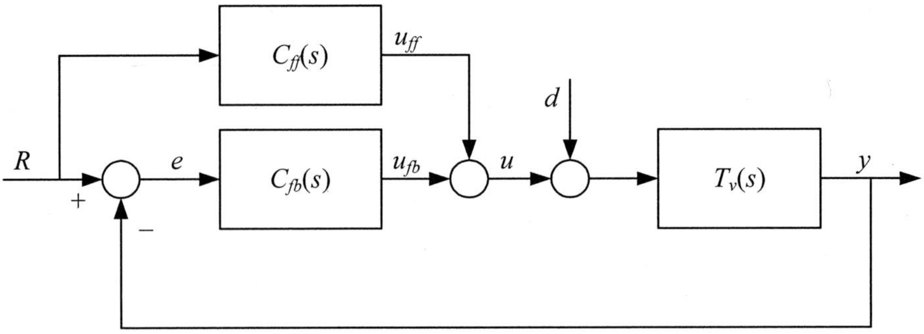

그림 2.3.26 DC 모터의 속도 트래킹 제어 시스템

위치 트래킹 제어에서와 마찬가지로 레퍼런스 입력은 시간에 따라 변화하는 속도 궤적으로 주어진다. 전체 입출력 관계를 정리하면 다음과 같다.

$$y = \frac{C(s)T_V(s)}{1+C(s)T_V(s)}R + \frac{T_V(s)}{1+C(s)T_V(s)}C_{ff}(s)R + \frac{T_V(s)}{1+C(s)T_V(s)}d \tag{2.3.21}$$

여기서도 $C_{ff}(s) = T_V^{-1}(s)$ 로 설정한다면 다음과 같이 요약된다.

$$y \cong R + \frac{T_P(s)}{1+C(s)T_V(s)}d \tag{2.3.22}$$

다만, DC 모터의 속도 모델도 1차이므로 다음과 같이 수정하여야 한다.

$$C_{ff}(s) = \frac{\beta(s+\alpha)}{K(s+\beta)} \tag{2.3.23}$$

여기서 β 는 α 보다 충분히 큰 값으로 설정하여야 한다.

2.3.6 트래킹 제어를 위한 위치 및 속도 궤적

위치 또는 속도 트래킹 제어를 위해서는 레퍼런스 입력에 시간에 대한 위치 또는 속도 궤적으로 입력하여야 한다. 그림 2.3.27에는 가장 널리 사용되는 사다리꼴 형태의 속도 궤적과 이에 대응하는 가속도와 위치 궤적을 나타내었다.

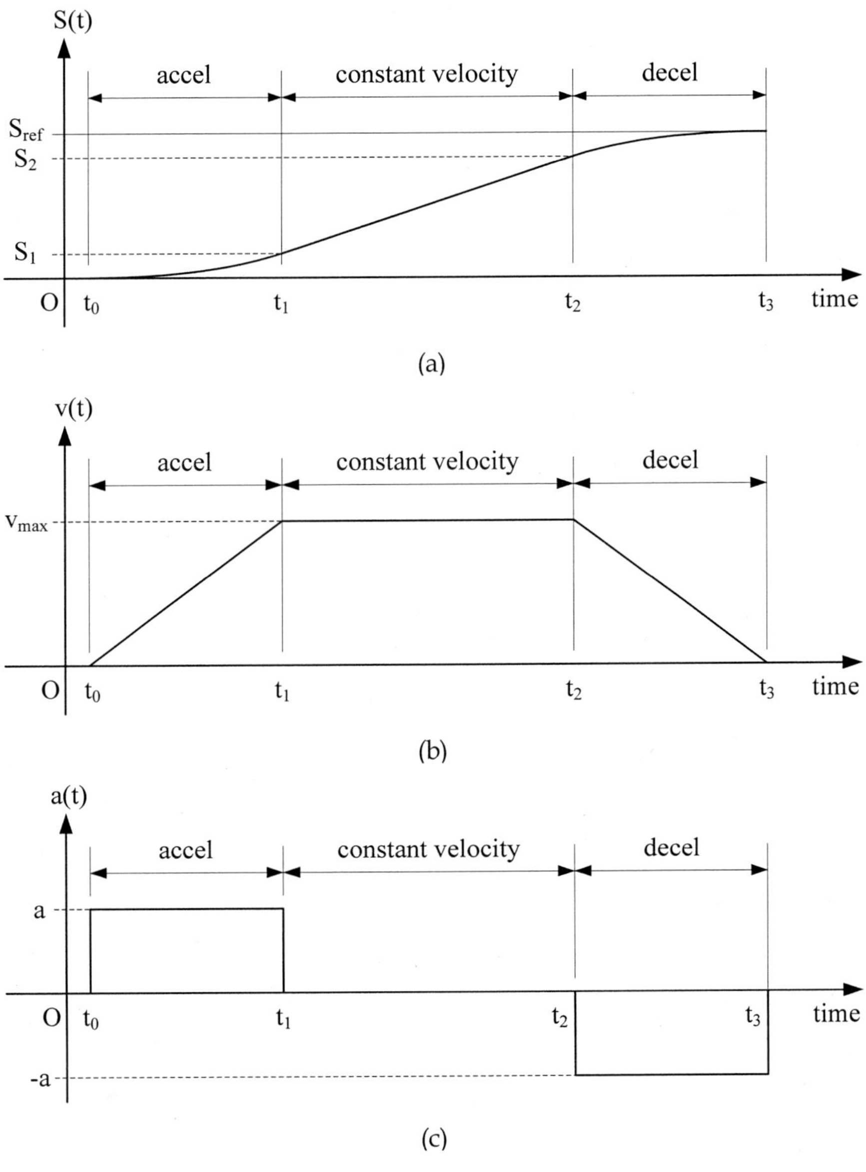

그림 2.3.27 사다리꼴 속도 궤적 및 대응 위치와 가속도 궤적

그림 2.3.27에 나타낸 궤적을 가속, 등속, 감속 구간으로 나누어 세부사항을 기술한다. 설명을 단순화하기 위하여 감속 구간과 가속 구간에서 동일한 크기의 가속도를 적용하되 부호만 반대인 경우를 가정하였다.

❑ 가속 구간

사다리꼴 속도 궤적에서는 가속 구간에서 그림 2.3.27 (c)와 같이 일정한 가속도로 운동하는 등가속도 운동을 적용한다. 초기 상태가 정지한 상태에서 등가속도 a를 적용하였을 때 속도 및 위치는 다음과 같이 정리된다.

$$v(t) = at \tag{2.3.24}$$

$$S(t) = \frac{1}{2}at^2 \tag{2.3.25}$$

$$t_1 = \frac{v_{\max}}{a} \tag{2.3.26}$$

그림 2.3.27에서 가속 구간의 그래프는 (2.3.24)와 (2.3.25)를 활용하여 그래프로 표현한 것이다. 가속도 a는 전체 기구부에서 적용 가능한 가속도로 설정되어야 하며, 실험적으로 적용 가능한 최대 가속도의 70~80% 정도로 설정하는 것이 보편적이다.

❑ 등속 구간

사다리꼴 속도 궤적의 등속 구간에서는 그림 2.3.27 (c)와 같이 가속도가 0이다. 즉, 속도의 변화 없이 등속 운동으로 동작한다. 등속 구간에서의 속도와 위치는 다음과 같이 정리된다.

$$v(t) = v_{\max} \tag{2.3.27}$$

$$\begin{aligned} S(t) &= v_{\max}(t - t_1) + S_1 \\ &= v_{\max}(t - t_1) + \frac{1}{2}at_1^2 \end{aligned} \tag{2.3.28}$$

$$t_2 = \frac{S_{ref}}{v_{\max}} \tag{2.3.29}$$

등속 구간에서의 위치 변화는 1차 직선 형태로 나타난다. 가속 구간에서 일정한 가속도로 (2.3.24)에 따라 속도가 증가하다가 미리 설정된 v_{max}의 속도에 도달하면 등속 운동으로 전환된다. 따라서, 등속 구간에서의 위치 궤적은 (2.3.27)과 같이 등속 구간 동안 이동한 거리 S_1에 등속 운동한 거리를 더하여야 한다. v_{max}의 설정에 있어서도 전체 기구부에 적용 가능한 최대 속도를 기반으로 설정하여야 하며, 실험적으로 적용 가능한 최대 속도의 70~80% 수준으로 설정하는 것이 보편적이다.

❑ 감속 구간

감속 구간에서는 그림 2.3.27 (c)와 같이 가속도가 음의 상수이며, 감속 구간의 초기 속도인 v_{max}에서 일정한 비율로 속도가 감소하여 속도 0에 도달하면 정지한다. 따라서, 감속 구간의 초기 속도와 감속도가 주어지면 감속 구간에서 소요되는 시간과 감속 구간에서 이동하는 거리가 결정된다. 이동할 잔여 거리가 감속 구간에서 이동할 거리와 같아지는 순간 감속 구간으로 전환된다. 감속 구간에서의 속도와 거리는 다음과 같이 정리된다.

$$v(t) = v_{max} - a(t - t_2) \tag{2.3.31}$$

$$\begin{aligned} S(t) &= v_{max}(t - t_2) - \frac{1}{2}a(t - t_2)^2 + S_2 \\ &= v_{max}(t - t_2) - \frac{1}{2}a(t - t_2)^2 + v_{max}(t_2 - t_1) + \frac{1}{2}at_1^2 \\ &= v_{max}(t - t_1) - \frac{1}{2}a(t - t_2)^2 + \frac{1}{2}at_1^2 \end{aligned} \tag{2.3.33}$$

$$t_3 = \frac{S_{ref}}{v_{max}} + \frac{v_{max}}{a} \tag{2.3.33}$$

2.4 DC 모터 제어를 위한 MCU FW 및 FPGA 활용

DC 모터 제어 시스템을 구성하기 위해서는 아날로그 회로 및 디지털 회로, MCU FW 등 다양한 지식을 갖추어야 한다. 디지털 기술의 발전은 DC 모터 제어 시스템에도 영향을 미쳐서 많은 경우 디지털 제어기 형태로 구현되며, 선형 구동방식 보다는 PWM 구동방식을 많이 사용한다. DC 모터 제어 시스템에 디지털 방식을 활용함에 따라 제어 시스템 구현에 MCU 및 FPGA를 널리 활용하고 있다. 본 절에서는 DC 모터의 제어를 위하여 MCU 및 FPGA를 활용하는 방법에 대하여 기술한다.

2.4.1 FPGA를 이용한 PWM 생성기 구현

앞에서 DC 모터를 구동하는 방식으로 선형 구동 방식과 PWM 구동 방식을 설명하였으며, 두 방식에는 장단점이 존재한다. DC 모터를 사용하는 경우에는 대단히 높은 제어 정밀도를 요구하지 않는 경우가 많으므로 대부분의 경우에 PWM 구동 방식을 활용한다.

PWM 구동을 위해서는 PID 제어기에서 연산된 제어 입력을 PWM 파형으로 변환하는 PWM 생성기가 필요하다. 최근에 널리 사용되는 MCU 제품들에는 PWM 생성기가 내장된 제품도 많이 있으나 본 절에서는 FPGA를 이용하여 PWM 생성기를 구현하는 방법을 소개한다. 설명의 편의를 위하여 다음의 사항을 미리 가정한다.

- 40 MHz의 마스터 클럭을 사용
- PWM 생성기의 해상도는 12 bit 해상도
- PWM Value는 12 bit 입력 데이터

그림 2.4.1에는 PWM 생성기의 블록선도를 나타내었다. PWM 생성기에서는 마스터 클럭에 따라 증가 및 오버플로우가 발생하는 동작을 반복하는 up counter의 값과 사용자에 의하여 저장된 PWM 값을 비교하여 High 또는 Low를 출력하게 된다. 그림 2.4.1에서 각 블록 및 신호에 대한 설명은 다음과 같다.

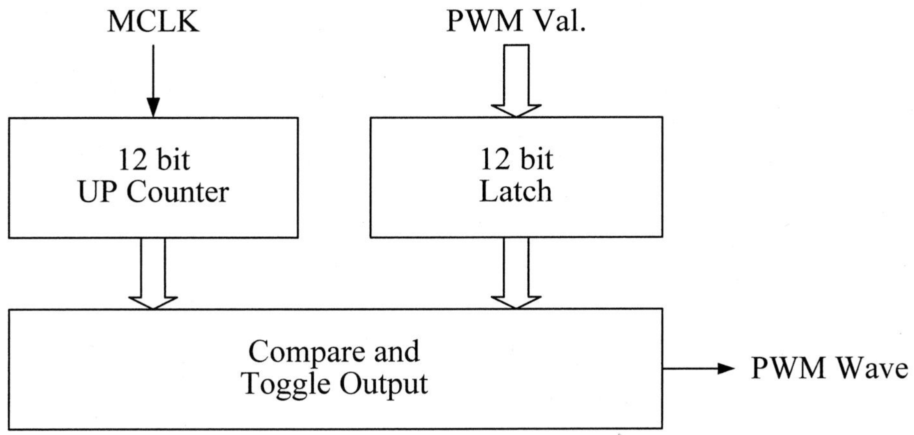

그림 2.4.1 PWM 생성기 블록선도

- MCLK : PWM 생성기에 사용하는 마스터 클럭으로 모든 블록은 MCLK에 동기된 동기식 설계를 기본으로 함.
- 12 bit UP Counter : MCLK에 따라 0x000∼0xFFF를 Up Count하는 동작을 무한히 반복. 0xFFF 다음에는 0x000으로 overflow 발생.
- 12 bit Latch : 사용자가 입력하는 12 bit PWM Value가 저장되는 저장 공간.
- Compare : 12 bit PWM Value Latch에 저장된 값과 12 bit Up Counter의 값을 비교하여 PWM 파형을 출력. Latch 〉 Counter인 경우 출력은 High, 그 외의 경우 출력은 Low.

❑ PWM 파형의 주파수(주기)

PWM 생성기의 출력 파형은 up counter가 0x000∼0xFFF까지 반복 동작하는 주기에 따라 무한히 반복된다. 따라서, PWM 파형의 주파수는 up counter의 반복 주파수와 일치하며 up counter의 반복 주파수는 up counter의 overflow 발생 주파수와 일치하게 되어 다음과 같은 관계를 가진다. 여기서 N은 PWM 생성기의 비트 수이다.

$$f_{pwm} = f_{mclk} / 2^N \tag{2.4.1}$$

$$T_{pwm} = T_{mclk} \times 2^N \tag{2.4.2}$$

위 예에서는 40 MHz의 마스터 클럭을 사용하면서 12 bit의 up counter를 사용하므로 up counter의 반복 주파수와 주기는 각각 9.77 kHz와 0.102 msec이다. DC 모터의 제어에 사용되는 통상적인 샘플링 주파수는 0.1~1 kHz이므로 10 kHz의 PWM 주파수는 적절한 주파수에 해당한다.

❑ PWM 듀티비(Duty ratio) 변경

PWM 파형으로 DC 모터를 구동하는 방식에서는 DC 모터로 인가되는 유효한 전압을 PWM 파형의 듀티비로 결정한다. 듀티비는 PWM 주기에서 High 구간이 차지하는 비율을 %로 표시한다. 듀티비를 변경하기 위해서는 그림 2.4.1의 블록선도에서 12 bit Latch에 저장되는 값을 변경하여야 한다. Latch에 저장되는 값은 MCU에서 데이터 버스를 비롯한 SPI 등을 이용하여 변경할 수 있다.

그림 2.4.2에는 50% 듀티비를 가지는 PWM 파형의 생성 과정을 나타내었다. 마스터 클럭인 MCLK에 따라 카운터의 값은 0x000~0xFFF를 반복적으로 up count한다. 듀티비 설정과 관련된 latch에 0x800을 저장하면 카운터 값이 0x000~0x7FF까지는 PWM 출력이 high, 0x800~0xFFF까지는 low가 출력된다. 따라서, PWM 파형의 high와 low 구간의 길이가 같아져서 50% 듀티비의 PWM 파형이 생성된다.

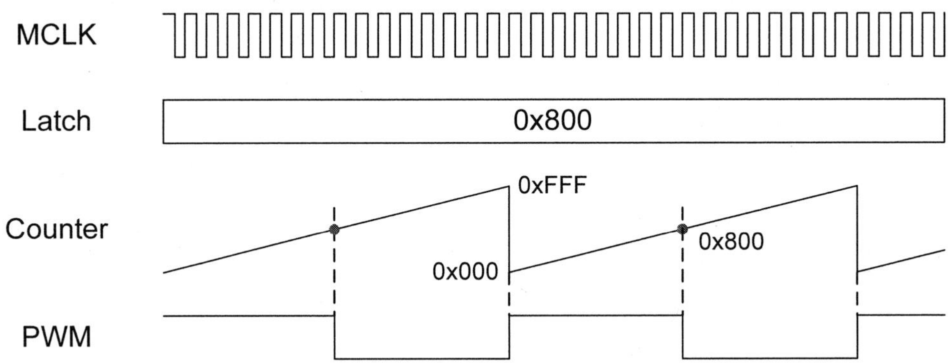

그림 2.4.2 50% 듀티비의 PWM 생성

그림 2.4.3에는 25%와 75% 듀티비의 PWM 파형 생성을 나타내었다. 마스터 클럭의 입력, 카운터의 동작은 그림 2.4.2와 동일하다. 다만, PWM 출력 파형을 생성하기 위하여 카운터 값과 비교되는 latch의 값이 25%와 75% 듀티비의 PWM 파형에서 각각 0x400과 0xC00으로 다르게 설정된다. 따라서, latch에 저장되는 값을 출력하려는 PWM 듀티비에 맞추어 설정하는 것으로 PWM 생성기를 사용할 수 있다.

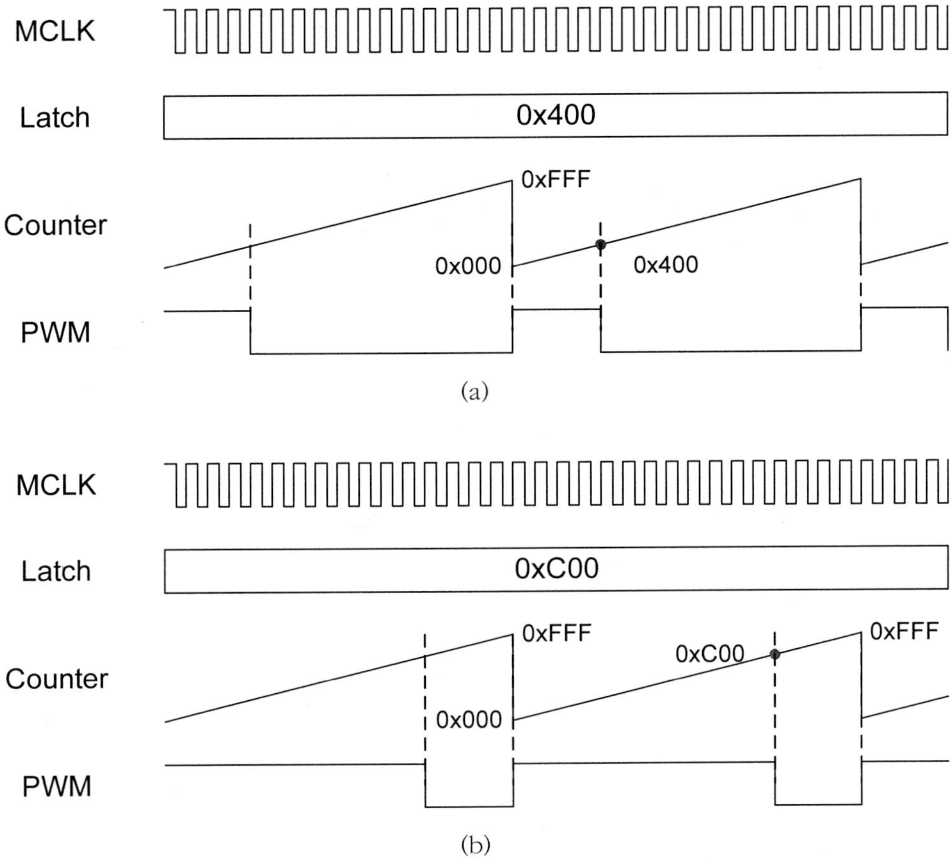

그림 2.4.3 PWM 듀티비 설정에 따른 동작

❑ Latch 설정값과 모터에 인가되는 유효 전압

PWM 듀티비는 DC 모터에 인가되는 유효 전압과 관련된다. 모터에 인가되는 유효한 전압을 조절하기 위해서는 유효 전압과 PWM 듀티비, 그리고 Latch에 저장되는 값의 관계를 확인하여야 한다. 표 2.4.1에는 DC 모터에 인가되는 유효 전압, PWM 듀티비, 그리고 Latch 설정값의 관계를 다음의 가정을 바탕으로 정리하였다.

- 듀티비 50%일 때 모터는 정지하고, 50%보다 클 때 정회전, 50%보다 작을 때 역회전을 가정
- 12비트 해상도 적용
- 모터에 인가되는 최대 전압은 ±Vcc로 표시

표 2.4.1 Latch 설정값과, PWM 듀티비 그리고 유효 전압의 관계

유효 전압(V)	모터 회전	PWM 듀티비	latch 설정값
+Vcc	정회전	100%	0xFFF
~		~	~
0	정지	50%	0x800
~	역회전	~	~
-Vcc		0%	0x000

표 2.4.1에 나타낸 관계로부터 DC 모터에 인가되는 유효 전압과 PWM 듀티비의 관계는 다음과 같이 정리된다.

$$V_M = \frac{V_{CC}}{50.0}(DR - 50.0) \tag{2.4.4}$$

또한, PWM 듀티비와 latch 설정값은 다음의 관계를 가진다.

$$DR = \frac{100.0}{0x1000} \times Latch \tag{2.4.5}$$

따라서, DC 모터에 인가되는 유효 전압과 latch의 설정값 사이에는 다음의 관계가 성립한다.

$$\begin{aligned} V_M &= \frac{V_{CC}}{50.0} \times \left(\frac{100.0}{0x1000} \times Latch - 50.0 \right) \\ &= \frac{V_{CC}}{0x800} \times (Latch - 0x800) \end{aligned} \tag{2.4.6}$$

(2.4.5)를 사용하면 Latch 설정값으로부터 DC 모터에 인가되는 유효 전압을 알아낼 수 있다. (2.4.5)를 다르게 정리하면 DC 모터에 인가되는 유효 전압에 해당하는 Latch 설정값을 알아낼 수 있다. (2.4.6)에는 이 관계를 나타내었으며, 제어기를 구현하는 과정에서 유용하게 활용될 수 있다.

$$Latch = \frac{0x800}{V_{CC}} \times V_M + 0x800 \qquad (2.4.7)$$

❑ FPGA RTL 코딩

지금까지 설명한 PWM 생성 회로를 FPGA에 구현하기 위한 Verilog 코드는 다음과 같다. 앞에서 설명한 블록선도와 다소 차이가 있으나 기본 동작 원리는 동일하다.

```
`define      DEF_PWM_CLK_DIV              4'h8

module PWM (
    inReset,                  // Active Low Reset
    iMCLK,                    // Master clock
    iLatch,                   // Latch Signal
    inPWM_sel,                // Latch Strobe
    iPWM_Data,                // PWM Data input

    orPWM                     // PWM Output
);

input              inReset;
input              iMCLK;
input              iLatch;
input              inPWM_sel;
input    [11:0]    iPWM_Data;

output             orPWM;

reg                orPWM;
reg      [11:0]    rPWM_Count;
reg      [11:0]    rPWM_Latch;
reg      [11:0]    rPWM_CMP;
reg      [3:0]     rPWMClkCnt;
reg                rPWMClkEn;

always @(posedge iMCLK)       // 마스터 클럭 분주
begin
    if(rPWMClkCnt == `DEF_PWM_CLK_DIV - 1) begin
        rPWMClkCnt <= 4'h0;
        rPWMClkEn <= 1;
```

```
    end
    else begin
        rPWMClkCnt <= rPWMClkCnt + 4'h1;
        rPWMClkEn <= 0;
    end
end

always @(negedge inReset or posedge iLatch)        // PWM Data Latch
begin
    if(~inReset) begin
        rPWM_Latch[11:0] <= 12'h800;
    end
    else if(~inPWM_sel) begin
        rPWM_Latch[11:0] <= iPWM_Data[11:0];
    end
end

always @(negedge inReset or posedge iMCLK)         // 12 bit Up Counter
begin
    if(~inReset) begin
        rPWM_Count[11:0] <= 12'hFFF;
    end
    else begin
        if(rPWMClkEn) begin
            rPWM_Count[11:0] <= rPWM_Count[11:0] + 12'h001;
        end
    end
end

always @(negedge inReset or posedge iMCLK)         // Compare
begin
    if(~inReset) begin
        rPWM_CMP <= 12'h800;
    end
    else begin
        if(rPWMClkEn) begin
            if(rPWM_Count[11:0] == 12'hFFF) begin
                orPWM <= 1;
                rPWM_CMP <= rPWM_Latch;
            end
            else if(rPWM_Count[11:0] >= rPWM_CMP[11:0]) begin
                orPWM <= 0;
```

```
                end
            end
        end
    end

    endmodule
```

2.4.2 FPGA를 이용한 엔코더 펄스 카운터 구현

DC 모터의 피드백 제어를 위해서는 DC 모터의 회전 각도 또는 각속도의 측정이 필수적이다. DC 모터의 회전 각도 및 각속도 측정을 위하여 가장 널리 사용되는 센서는 엔코더 임을 앞 절에서 설명하였으며, 엔코더 신호로부터 회전 방향, 회전 각도, 그리고 각속도를 측정하는 방법을 언급하였다. 엔코더의 출력 신호는 기본적으로 구형파 형태로서 FPGA 등의 디지털 회로를 이용하여 엔코더 출력 신호의 펄스 수 및 펄스 주기, 두 신호 간의 위상차를 바탕으로 DC 모터의 회전 방향, 회전 각도 및 각속도 등으로 변환할 수 있다. 본 절에서는 FPGA를 이용한 엔코더 신호 처리 회로의 구현에 대하여 설명한다.

그림 2.4.4에는 엔코더 신호를 이용하여 회전 각도를 측정하기 위한 카운터 회로의 블록선도를 나타내었다. 그림에는 명시적으로 표현하지 않았지만 엔코더 신호의 주파수와 비교하여 충분히 빠른 동기용 마스터 클럭이 사용됨을 가정하며, 각 블록 및 주요 신호에 대한 설명은 다음과 같다.

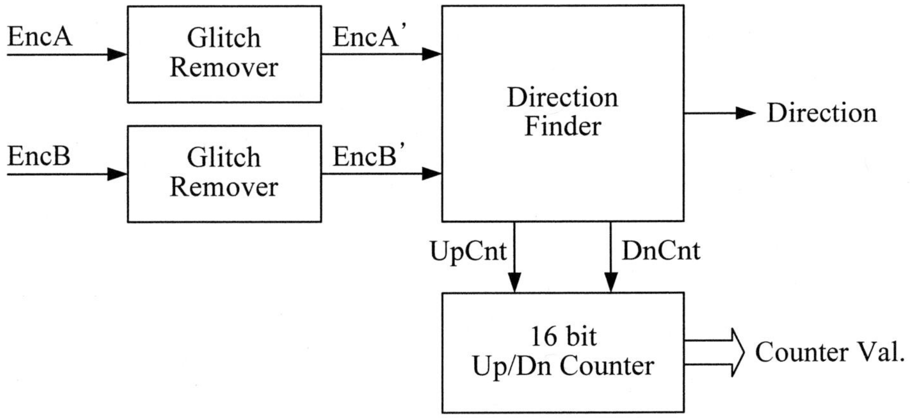

그림 2.4.4 엔코더 카운터 회로의 블록선도

- EncA/B : 엔코더에서 출력되는 2개의 신호로서 90도 위상차를 가지는 구형파 신호
- Synchronizer 7 Glitch Remover : 엔코더 신호를 디지털 회로의 마스터 클럭에 동기화시키고, 엔코더 신호의 에지 부분에 발생하는 노이즈를 제거하기 위한 회로
- Direction Finder : 두 엔코더 신호의 위상 차이를 이용하여 회전 방향을 검출하는 회로
- 16 bit Up/Dn Counter : 엔코더 신호에 발생하는 에지를 카운트하여 회전 각도를 검출하되, 회전 방향에 따라 증가 또는 감소하도록 구성.

❑ Synchronizer & Glitch Remover(동기화 및 노이즈 제거 회로)

외부에서 입력되는 엔코더 신호는 이를 처리하는 FPGA 등의 디지털 회로에서 사용하는 마스터 클럭에 동기화되지 않은 상태이다. 또한, 센서에서 출력되는 신호는 노이즈가 포함되는 경우가 많다. 엔코더 신호의 경우 구형파 형태의 디지털 신호로 출력되므로 노이즈에 대한 영향이 적은 편이지만 구형파의 에지 부근에서는 기계적 스위치에서 나타나는 채터링 현상이 나타날 확률이 높다. 따라서, 엔코더 신호를 이용한 회전 각도 및 각속도 측정에 앞서 신호를 마스터 클럭에 동기화하고, 에지 부근에 발생하는 채터링 현상을 제거하여야 한다. 만약 엔코더 신호의 에지에 채터링 현상이 없다면 동기화기만 적용하여도 무방하다.

그림 2.4.5에는 간단한 동기화기의 구조를 나타내었다. 엔코더 신호를 3개의 D플립플롭을 통과시킴으로써 간단히 동기화시킬 수 있다. MCLK 3 clock cycle 정도의 시간 지연이 발생하지만 MCLK의 주파수는 엔코더 신호의 주파수보다 충분히 높기 때문에 전체 시스템 성능에 영향을 미치지 않는다.

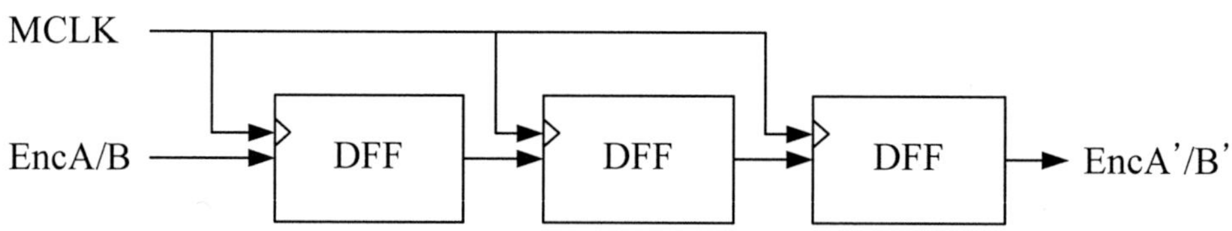

그림 2.4.5 동기화기의 구조

❑ Up/Dn 카운터

Up/Dn 카운터는 2개의 입력 신호 UpCnt와 DnCnt의 상태에 따라 카운터 값을 증가 또는 감소시킨다. 여기서는 16 비트 카운터를 가정하고 설명한다. Up/Dn 카운터를 구현하는 방법은 매우 다양하지만 본 교재에서는 UpCnt와 DnCnt를 사용하는 방법을 사용한

다. 그림 2.4.4의 엔코더 카운터의 전체 블록선도에는 생략하였지만 FPGA의 설계는 동기식 설계를 기본으로 하므로 마스터 클럭(MCLK)가 포함되어야 한다. 마스터 클럭을 포함한 up/dn 카운터의 블록도는 그림 2.4.6과 같다.

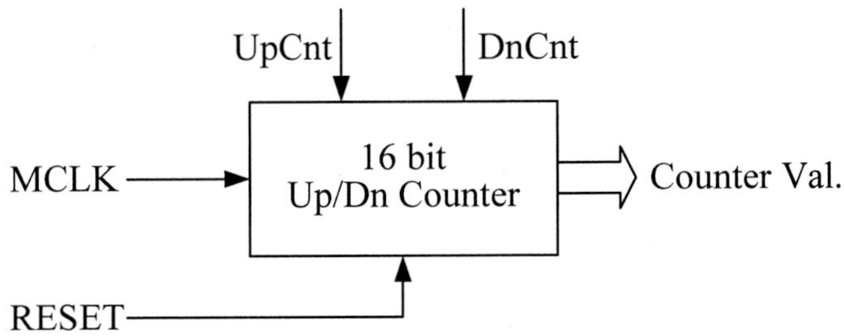

그림 2.4.6 Up/Dn 카운터의 입출력

그림 2.4.6에서 UpCnt가 high인 상황에서 MCLK의 posedge가 발생하면 카운터 값이 1 증가하고 반면 DnCnt가 high인 상황이면 MCLK의 posedge 발생시 카운터 값이 1 감소한다. UpCnt와 DnCnt가 모두 high이거나 모두 low이면 카운터 값은 변화하지 않는다. 동기식 설계이므로 UpCnt 또는 DnCnt가 high이더라도 MCLK의 posedge가 발생하지 않으면 카운터 값은 변하지 않는다.

또다른 입력으로 RESET 단자는 카운터의 값을 0으로 초기화하는 입력 단자이다. 엔코더 카운터는 기본적으로 incremental encoder의 회전 각도 감지를 위한 것이므로 초기에 카운터 값을 0으로 초기화하고 그 후에 입력되는 엔코더 펄스의 수를 카운트하여야 한다. 그림 2.4.7에는 Up/Dn 카운터의 입출력 타이밍을 예시하였다. 여기서 UpCnt와 DnCnt 신호가 모두 MCLK에 동기된 신호임을 가정한다. 반면 RESET 신호는 비동기 입력 신호로 마스터 클럭과 무관하게 동작한다.

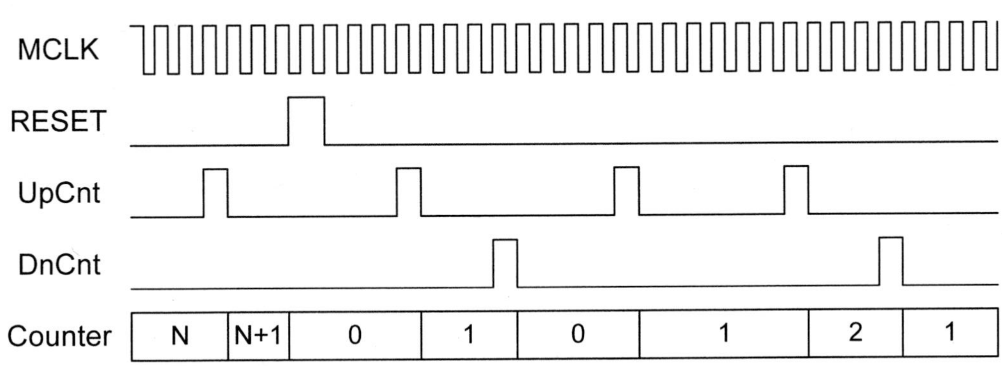

그림 2.4.7 엔코더 Up/Dn 카운터의 신호 파형

❏ 회전 방향 검출기(Direction Finder)

엔코더의 A와 B상 신호를 이용하여 회전 방향을 검출한다. 두 신호는 기본적으로 90도의 위상차를 가지지만 회전 방향에 따라 A상이 앞서거나 B상이 앞서는 형태로 나타난다. 결국, 어떤 상이 앞서는지를 판별하여 회전 방향을 알아낼 수 있다. 앞 절의 표 2.3.4에는 회전 방향에 따른 엔코더 신호의 형태를 정리하였으며, 아래 그림 2.4.8에는 이를 검출하기 위한 디지털 논리회로의 상태도를 나타내었다.

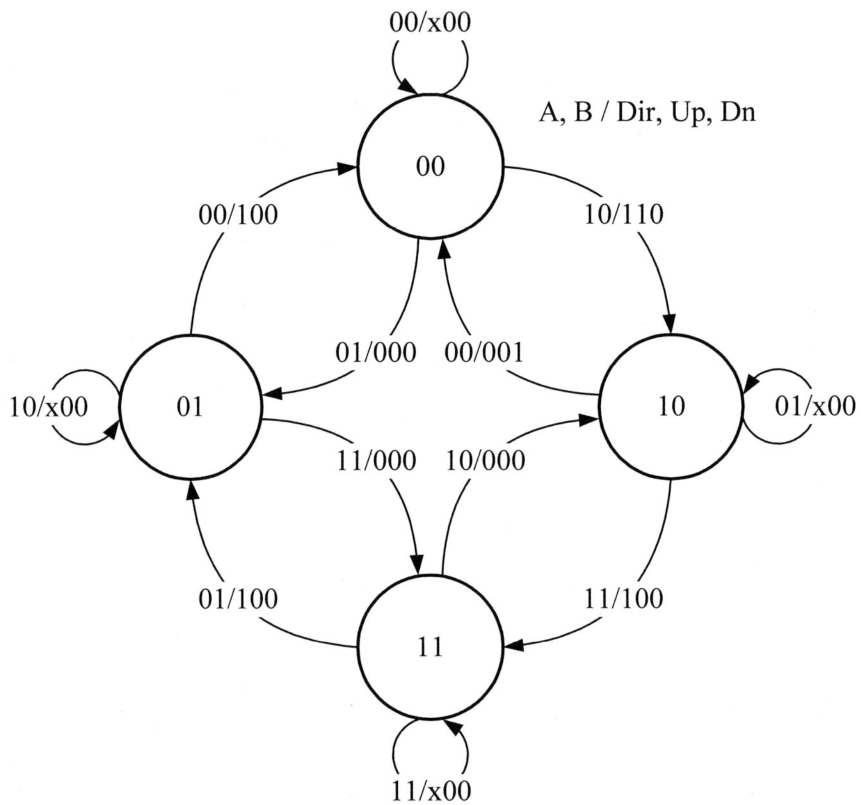

그림 2.4.8 회전 방향 검출기 상태도(1체배)

그림 2.4.8의 상태도에서 회전방향 검출기의 내부 상태는 크게 4가지로 구분되며, 이는 현재 엔코더 신호 A와 B상의 상태로 볼 수 있다. 현재 상태에서 입력 신호에 따라 내부 상태가 변경될 수 있는데, 하나의 상태에서 입력될 수 있는 입력 신호의 조합은 엔코더의 특성상 3개로 제한되는 특성이 있으므로 하나의 상태에서 상태의 전환은 3가지 경우만 존재한다. 예를 들어, 현재 상태가 '00' 인 상태는 현재 엔코더 A와 B상의 상태가 모두 low인 상태를 의미한다. 엔코더 신호는 A상 또는 B상 둘 중에 한 개만 한 시

점에 변화할 수 있으므로 입력 가능한 A상과 B상의 조합은 '01', '10' 그리고 '00' 등의 3가지 이다. '00' 의 상태에서 두 입력신호가 모두 high로 변화하여 '11' 로 입력되는 경우는 엔코더의 특성상 발생할 수 없다.

회전 방향 검출기의 출력은 3개 이며, 하나는 검출된 회전 방향, 나머지 둘은 up/dn 카운트 신호이다. 그림 2.4.4의 엔코더 카운터 회로에서는 up/dn 카운트 신호만을 사용한다. 그림 2.4.5의 상태도는 엔코더 카운터를 1체배로 사용하는 경우이다. 회전 방향은 입력 신호가 변경될 때마다 갱신되지만 up/dn 카운터는 '00' 에서 '10' 또는 '10' 에서 '00' 으로의 상태 변환에만 나타난다. up/dn 카운트가 반드시 '00' 과 '10' 사이의 상태 변환에서만 발생할 필요는 없으며 다른 상태 변환에 있을 수 있다. 다만, up 카운트와 dn 카운트의 발생은 반드시 동일한 두 상태의 변환에만 나타나야 한다.

그림 2.4.9에는 엔코더 A와 B상 신호의 입력에 대하여 회전 방향 검출 회로의 내부 상태와 출력 신호, 그에 따른 카운터 값의 변화를 나타내었다. UpCnt 펄스는 '00' 에서 '10' 으로 변경할 때만 발생하고, 이 때 카운터의 값은 1씩 증가한다. 반면, DnCnt 펄스는 '10' 에서 '00' 으로 변화할 때 발생하고, DnCnt가 발생할 때 카운터 값은 1씩 감소한다.

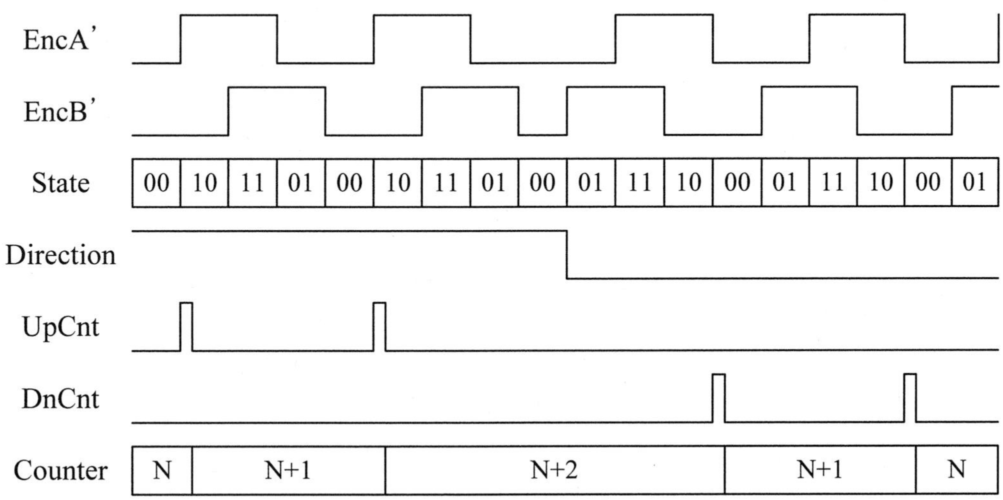

그림 2.4.9 엔코더 카운터의 동작 파형

❑ 2체배 또는 4체배로 확장

1체배 엔코더 카운터는 엔코더 A상과 B상 중 1개의 상에 대해서 엔코더 신호 1 주기에 1씩 Up 또는 Dn 카운트하는 방식이다. 2체배는 엔코더 신호 반주기에 1씩 카운트하며 4체배는 A상과 B상의 모든 에지에서 카운트하는 방식이다. 그림 2.4.8의 상태도에는 1체배 방식을 기준으로 나타내었으며, 2체배로 변환하기 위해서는 대각선 방향의 상태 변화에서도 Up/Dn 펄스를 발생시키도록 수정한다. 마찬가지로 4체배로 변환하기 위해서는 모든 상태 변화에서 Up/Dn 펄스가 발생하도록 수정한다.

❑ FPGA RTL 코딩

지금까지 설명한 엔코더 카운터 회로를 FPGA에 구현하기 위한 Verilog 코드는 다음과 같다. 1체배를 기준으로 구현하였으며 그림 2.4.4의 블록선도와 일치한다.

```
module ENCCNT (
    inRESET,                    // Active Low Reset
    iMCLK,                      // Master clock
    iENCA,                      // Encoder Phase A
    iENCB,                      // Encoder Phase B

    oDIR,                       // Direction
    oPOSCNT                     // Up/Dn Counter
);

input           inRESET;
input           iMCLK;
input           iENCA;
input           iENCB;

output          oDIR;
output  [15:0]  oPOSCNT;

reg             rENCAz;
reg             rENCBz;
reg             rENCAz2;
reg             rENCBz2;
reg             rENCAz3;
reg             rENCBz3;

reg     [1:0]   rDirSt;
reg             rDir;
reg             rUpPul;
reg             rDnPul;

reg     [15:0]  rEncCount;
```

```
wire    [1:0] wEncAB;

always @(posedge iMCLK)      // Synchronizer
begin
   rENCAz <= iENCA;
   rENCBz <= iENCB;

   rENCAz2 <= rENCAz;
   rENCBz2 <= rENCBz;

   rENCAz3 <= rENCAz2;
   rENCBz3 <= rENCBz2;
end

assign wEncAB[1:0] = {rENCAz3, rENCBz3};

always @(negedge inRESET or posedge iMCLK)      // Dir Finder State Machine
begin
   if(~inRESET) begin
        rDirSt[1:0] <= 2'b00;
        rDir <= 1'b0;
        rUpPul <= 1'b0;
        rDnPul <= 1'b0;
   end
   else begin
        rDirSt[1:0] <= wEncAB[1:0];

        case(rDirSt[1:0])
            2'b00     :
                if (wEncAB == 2'b10) begin
                    rDir <= 1'b1;
                    rUpPul <= 1'b1;
                end
                else if (wEncAB == 2'b01) begin
                    rDir <= 1'b0;
                end
                else begin
                    rUpPul <= 1'b0;
                    rDnPul <= 1'b0;
                end
            2'b10     :
                if (wEncAB == 2'b11) begin
```

```
                rDir <= 1'b1;
            end
            else if (wEncAB == 2'b00) begin
                rDir <= 1'b0;
                rDnPul <= 1'b1;
            end
            else begin
                rUpPul <= 1'b0;
                rDnPul <= 1'b0;
            end
        2'b11    :
            if (wEncAB == 2'b01) begin
                rDir <= 1'b1;
            end
            else if (wEncAB == 2'b10) begin
                rDir <= 1'b0;
            end
            else begin
                rUpPul <= 1'b0;
                rDnPul <= 1'b0;
            end
        2'b01    :
            if (wEncAB == 2'b00) begin
                rDir <= 1'b1;
            end
            else if (wEncAB == 2'b11) begin
                rDir <= 1'b0;
            end
            else begin
                rUpPul <= 1'b0;
                rDnPul <= 1'b0;
            end
        default       : ;
    endcase
  end
end

always @(negedge inRESET or posedge iMCLK)          // Up/Dn Counter
begin
  if(~inRESET) begin
      rEncCount[15:0] <= 16'h0000;
  end
```

```
    else begin
        if(rUpPul && (rEncCount[15:0] != 16'h7FFF)) begin
            rEncCount[15:0] <= rEncCount[15:0] + 16'h0001;
        end
        else if(rDnPul && (rEncCount[15:0] != 16'h8000)) begin
            rEncCount[15:0] <= rEncCount[15:0] - 16'h0001;
        end
    end
end

assign oDIR = rDir;
assign oPOSCNT[15:0] = rEncCount[15:0];

endmodule
```

2.4.3 MCU FW를 이용한 디지털 PID 제어기 구현

DC 모터의 피드백 제어에 가장 널리 사용되는 제어기는 PID 제어기이다. 마이크로프로세서를 비롯한 디지털 기술의 발전으로 요즘은 DC 모터의 제어를 위한 PID 제어기를 MCU의 FW로 구현하기에 매우 편리하다. 본 절에서는 DC 모터의 디지털 PID 제어를 위한 FW 작성 방법에 대하여 설명한다. MCU를 기반으로 하는 임베디드 시스템에서 가장 널리 사용되는 C 프로그래밍 기법에 대하여 설명한다.

❑ 디지털 PID 제어기 구현에 필요한 함수

DC 모터 제어를 위한 PID 제어기 구현 외에 어떠한 C 프로그램을 작성하더라도 작은 기능 단위의 함수를 구현하고, 그 함수를 호출하여 사용하는 방법이 가장 효율적이다.

이러한 단위 기능 함수를 미리 생성해두면 복잡한 프로그램이더라도 프로그램 개발 과정이 매우 단순해진다. DC 모터의 PID 제어기를 C 프로그램으로 구현하기 위해서는 전체 제어 시스템에서 FW가 담당하는 부분을 확인하여야 한다. 그림 2.4.10에는 전체 DC 모터 제어 시스템을 나타내었다. FW로 구현되어야 하는 부분은 사각형으로 나타내었으며, 이 부분에서 이루어지는 작업을 나열하면 다음과 같다.

- 엔코더 카운터 값 입력 : 엔코더 카운터 값은 현재까지 누적 up/dn 카운트된 엔코더 펄스 수를 읽어서 C 프로그램의 변수에 저장.

- 에러 및 PID 연산 : 퍼런스와 측정된 엔코더 카운터 값의 차이인 제어 오차를 연산하고, 제어 오차에 PID 제어기를 적용하여 제어 입력을 연산.
- PWM(또는 DAC) 출력 : PID 제어기의 연산 결과인 제어 입력을 PWM 또는 DAC로 출력.

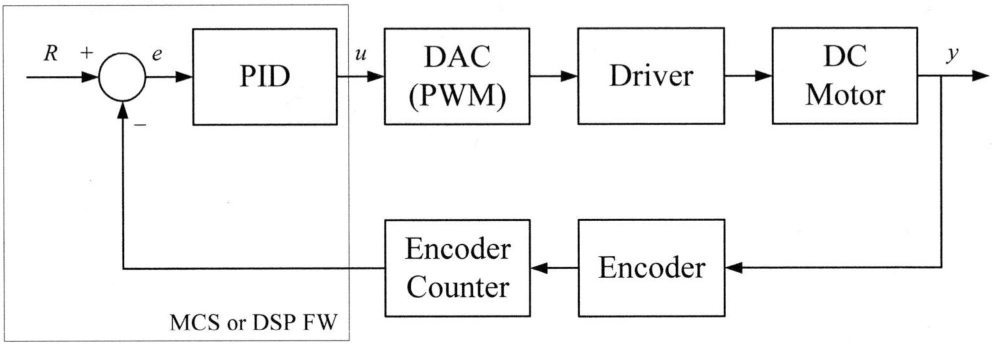

그림 2.4.10 DC 모터의 디지털 피드백 제어 시스템 블록선도

이러한 단위 기능을 단위 함수를 구현함에 있어서 단위의 설정에 주의하여야 한다. 통상적인 블록선도에서는 단위에 대한 명확한 설명이 포함되지 않는다. 하지만, 제어 시스템의 구현에 있어서 단위를 확인하고 일치시키는 작업은 필수적이다. 예를 들어, 그림 2.4.10에서 레퍼런스인 R은 목표 회전 각도이며, 이 값은 통상적으로 물리적 각도 단위인 도(deg) 또는 라디안(rad)로 표현하는 것이 편리하다. 반면, 엔코더 카운터로부터 읽은 값은 엔코더 펄스의 수이며 단위가 도 또는 라디안이 아니다. 서로 다른 단위의 값으로부터 제어 오차 e를 연산하는 것은 불가능하므로 기능 단위 함수를 생성할 때 단위를 일치시키는 작업이 필수적이다.

❑ 현재 각도 측정 함수

현재 각도를 측정하는 함수는 HW로 구현된 엔코더 카운터 값으로부터 모터의 회전 각도를 도 또는 라디안으로 환산하여 리턴한다. 이 함수의 작성을 위해서 다음의 사항을 반영하여야 한다.

- 엔코더 펄스 수(N_E) : 엔코더 1 회전당 발생하는 펄스 수
- 감속기의 기어비(N_G) : 감속기 회전축 1 회전당 모터 회전축의 회전 수
- 엔코더의 장착 위치 : 모터 회전축 또는 감속기 회전축

■ 엔코더 카운터의 체배 수(N_C) : 1체배, 2체배, 4체배
■ 엔코더 카운터와 MCU의 인터페이스 방식 : 버스, SPI, I2C 등
■ 출력 단위 : 도 또는 라디안. 레퍼런스 입력과 동일해야 함.

이 함수에서는 우선 엔코더 카운터 값을 읽어야 한다. 엔코더 카운터와 MCU의 인터페이스 방식은 구현된 제어 시스템에 따라 다르므로 본 교재에서는 설명을 생략한다. 다만, 카운터의 비트 수를 확인하여 유효한 비트만 저장하여야 한다. 카운터 값을 회전 각도로 변환하기 위해서는 앞에서 나열한 사항을 바탕으로 다음과 같이 환산하여야 한다.

■ 엔코더가 모터 회전축에 장착된 경우

$$\theta_{\deg} = \frac{360}{N_E \times N_R \times N_C} \times \text{ENCCNT} \tag{2.4.7}$$

■ 엔코더가 감속기 회전축에 장착된 경우

$$\theta_{\deg} = \frac{360}{N_E \times N_C} \times \text{ENCCNT} \tag{2.4.8}$$

❑ PID 연산 함수

PID 연산 함수에서는 레퍼런스 각도와 현재 각도의 차이인 제어 오차 $e[k]$로부터 제어 입력 $u[k]$을 연산한다. 제어 오차로부터 제어 입력으로의 연산 수식은 다음과 같다.

$$u[k] = K_P \times e[k] + K_D \times \frac{e[k] - e[k-1]}{T_S} + K_I \times T_S \times \sum_{n=0}^{k} e[n] \tag{2.4.9}$$

■ K_P, K_I, K_D : PID 이득으로 튜닝 필요
■ T_S : 샘플링 주기

FW로 구현할 때 현재 제어 오차인 $e[k]$는 PID 연산 직전에 구해지지만, $e[k-1]$은 이전 샘플링 때의 제어 오차이므로 별도 변수에 저장해두어야 하며, 현재 PID 연산이 끝나면 $e[k-1]$은 $e[k]$를 저장하여야 한다. 마찬가지로, 제어기를 구동하기 시작한 시점부

터 오차를 누적하는 변수도 사용하여야 한다. PID의 연산 결과인 $u[k]$의 단위도 고려하여야 하는데, 가장 편리한 방법으로 DC 모터 양단에 인가되는 전압으로 설정하는 것이 가장 편리하다.

❑ PWM 출력 함수

PWM 출력 함수는 PID 연산 결과로 얻어진 제어 입력에 해당하는 PWM 파형을 출력하는 함수이다. FW에서는 PWM 파형의 생성을 위하여 2.4.1절의 PWM 생성기에 PWM 값을 저장하여야 한다. PID 연산 함수에서 생성된 제어 입력은 DC 모터에 인가되는 전압으로 설정하였으므로 표 2.4.1의 관계에 따라 다음의 수식으로 PWM 생성기에 전달할 값을 연산할 수 있다.

$$\mathrm{PWMVAL} = \frac{0\mathrm{x}800}{V_{CC}} \times u + 0\mathrm{x}800 \tag{2.4.10}$$

여기서 반드시 고려해야하는 사항은 오버플로우이다. PWM 생성기는 12 bit로 설정되었다. 따라서, (2.4.10)의 연산 결과로 얻게 되는 PWMVAL은 0x000~0xFFF의 범위에 포함되어야 하며, 제어 입력 u는 -Vcc~Vcc의 범위에 포함되어야 한다. 하지만, 연산에 사용되는 제어 입력 u는 PID 연산 함수에서 생성되는 것으로 PID 이득이 높게 설정되어 있거나 제어 오차가 큰 경우 허용 범위를 벗어나게 되며, 결국 PWMVAL 값도 0x000~0xFFF의 범위를 벗어나게 된다. 이 경우 모터가 완전히 반대 방향으로 회전하는 등 예상할 수 없는 결과가 나타날 수 있으므로 (2.4.10)의 연산을 수행하기 전에 반드시 제어 입력 u의 값을 -Vcc~Vcc의 범위에 들도록 포화(saturation) 시켜야 한다.

❑ 타이머 인터럽트 처리 함수의 구현

정주기 제어를 위해서 MCU의 타이머 인터럽트를 활용한다. 타이머 인터럽트가 원하는 주기로 발생하도록 설정한 후 해당 인터럽트의 처리 함수에 앞에서 설명한 단위 기능 함수를 호출하여 디지털 PID 제어기를 완성한다.

타이머 인터럽트 처리 함수 내에는 모든 연산을 수행하는 시간은 항상 설정한 샘플링 주기보다 짧아야 정주기 샘플링이 보장된다. 따라서, 구현된 FW에서 타이머 인터럽트 처리 함수의 실행 시간을 확인하여 샘플링 주기보다 짧음을 확인하여야 한다.

RC 서보모터

CHAPTER 3

3.1 RC 서보모터 소개

최근 소형 보행 로봇에 대한 관심이 급격히 증가하고 있다. 사람과 비슷한 휴머노이드 형태의 이족 보행 로봇에서부터 4족 또는 6족 보행 로봇에 이르기까지 다양한 로봇이 선보이고 있다. 이러한 보행 로봇에는 이전에는 볼 수 없었던 매우 많은 관절이 포함된다. 최소 10축 이상의 관절을 포함하는 관계로 이를 모두 일반적인 DC 모터 등으로 구성할 경우 크기 및 기구 제어가 매우 복잡하게 된다. 이러한 이유로 기구부 구성 및 기구 제어의 편리성을 도모하기 위하여 소형 보행 로봇에서는 예외없이 RC 서보모터를 사용한다.

RC 서보모터는 전통적으로 무선 조정 자동차와 비행체 등 완구 또는 취미용 제품에 널리 사용되어 왔다. RC 서보모터라는 이름도 Radio Control Servo Motor를 줄인 것이다. 아날로그 무선 통신으로 손쉽게 원격 제어를 가능하게 하기 위하여 RC 서보모터는 전문적인 지식이 없더라도 매우 쉽게 제어할 수 있다. 여기서는 RC 서보모터에 대하여 소개하고, 이를 제어하기 위한 방법을 소개한다.

3.1.1 RC 서보모터의 특징

그림 3.1.1에는 RC 서보모터를 예시하였다. RC 서보모터의 주요 특징을 소개하면 다음과 같다.

❑ 피드백 제어 시스템

RC 서보모터는 그 내부에 소형 DC 모터를 포함하여 DC 모터의 피드백 제어 시스템이 모두 내장되어 있다. 사용자는 원하는 회전 각도를 RC 서보모터에 레퍼런스 입력으로 인가하면 피드백 제어는 내부의 피드백 제어 시스템에 의하여 알아서 수행된다.

❑ 회전 각도의 제한

RC 서보 모터에는 소형 DC 모터가 내장된다. DC 모터는 원래 전압만 인가되면 회전 각도에 제한이 없다. 하지만 RC 서보 모터는 통상적으로 180도 정도의 회전 각도 제한이 있다.

❑ 높은 기어비의 기어박스 탑재

RC 서보 모터에 탑재되는 DC 모터는 매우 소형으로 모터 자체의 회전 토크는 매우 작다. 이런 상황에서 부하에 전달되는 회전 토크를 증가시키기 위하여 RC 서보모터 내부에는 매우 높은 기어비의 기어박스가 탑재된다. 토크는 크게 증가하는 반면 회전 스피드는 상대적으로 매우 낮다.

❑ 아날로그 제어기 또는 디지털 제어기

전통적인 RC 서보모터에 사용되는 제어기는 아날로그 제어기이다. 아날로그 제어기에서는 레퍼런스 입력을 저장하는 기능이 없으므로 RC 서보모터의 회전 각도를 특정 위치에 고정하고자 하더라도 목표 각도에 해당하는 레퍼런스 입력을 끊임없이 입력하여야 한다. 하지만 최근 디지털 기술의 발전과 더불어 RC 서보 모터 내부에서도 디지털 제어기를 널리 사용하고 있다. 특히 보행 로봇 등 많은 수의 RC 서보 모터를 이용한 회로 구성을 용이하게 하기 위하여 회로 결선이 용이하도록 제작된 디지털 RC 서보모터 등도 선보이고 있다.

그림 3.1.1 RC 서보 모터의 외형(http://www.hitecrcd.co.kr)

3.2 RC 서보모터의 구조 및 구동

3.2.1 RC 서보모터의 구조

RC 서보모터는 내부에 소형 DC 모터와 기어박스, 그리고 회전 각도를 감지할 수 있는 가변저항 등을 내장하고 있다. 그림 3.2.1에는 RC 서보모터 내부에 피드백 제어를 수행하는 전체 시스템의 블록선도를 나타내었다. 피드백 제어는 내부에서 이루어지므로 PWM 방식의 레퍼런스 입력을 인가하는 것만으로 RC 서보모터를 손쉽게 사용할 수 있다.

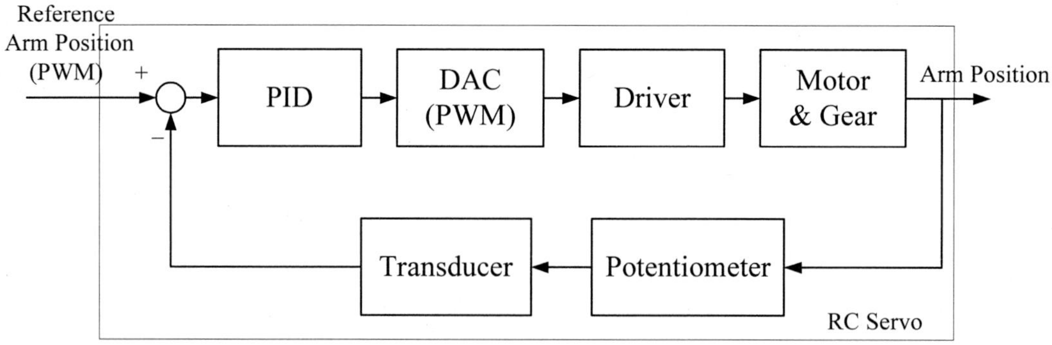

그림 3.2.1 RC 서보모터의 내부 블록선도

❑ 입출력 단자

전통적인 RC 서보 모터는 모두 3개의 전기적 단자로 입출력 단자가 구성된다. 표 3.2.1에는 이들 단자에 대하여 설명하였다.

표 3.2.1 RC 서보 모터의 전기적 인터페이스

단자	선색[1]	설명
VCC	적색	전원. 통상적으로 4.8~6.0V
PWM	갈색	5V 디지털 입력 레퍼런스 입력에 해당하는 PWM
GND	검정색	그라운드

[1] 선색은 통상적인 색깔로 제품에 따라 차이가 있음

3단자라고 설명하였지만 실제로는 전원과 접지를 제외하면 레퍼런스 입력 신호 1개만으로 제어가 가능하다. 이러한 단순한 인터페이스로 인하여 다양한 로봇에 널리 활용되고 있다. 또한, 표 3.2.1에 설명한 인터페이스는 전통적인 RC 서보모터의 인터페이스이며, 내부에 디지털 제어기를 탑재하는 제품에서는 직렬 통신 등 보다 다양한 인터페이스 방식을 제공하고 있다.

3.2.2 RC 서보모터의 구동

앞에서 RC 서보모터의 제어를 위해서는 PWM 형태의 레퍼런스 입력을 인가하여야 한다고 설명하였다. 그림 3.2.2에는 RC 서보모터 제어를 위한 일반적인 PWM 신호를 예시

하였다.

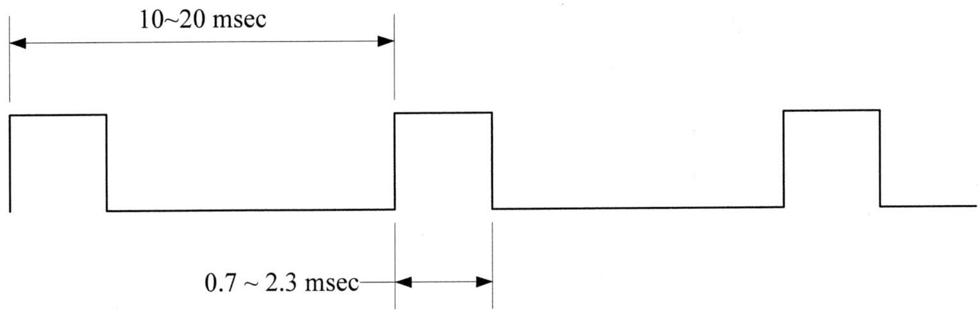

그림 3.2.2 RC 서보모터 제어를 위한 PWM 신호

❑ PWM의 주기

그림 3.2.2에 나타내었듯이 레퍼런스 입력으로 사용되는 PWM 신호의 주기는 10~20 msec의 주기를 가진다. 일반적인 디지털 제어기의 샘플링 주파수처럼 정확한 주기를 가질 필요는 없으며 10~20 msec에 한번 목표 회전 각도의 정보를 가지는 펄스를 입력하면 된다.

❑ 펄스 폭 vs. 회전 각도

RC 서보 모터의 목표 회전 각도는 주기적으로 입력되는 펄스의 폭으로 전달된다. RC 서보 모터의 회전 각도는 0~180 도 정도의 제한된 회전 각도를 가지며, 이에 대응하는 PWM 신호의 펄스 폭은 0.7~2.3 msec에 해당한다. 이러한 펄스 폭 대비 회전 각도의 대응 관계를 표 3.2.2에 정리하였다. 0.7 msec의 펄스 폭에서 0도, 2.3 msec의 펄스 폭에서 180도의 제한된 회전 각도를 나타내므로 이 사이의 펄스 폭에 대응하는 회전 각도는 간단한 비례식으로 구할 수 있다.

표 3.2.2 RC 서보 모터의 PWM 펄스 폭과 회전 각도의 대응 관계

펄스 폭	회전 각도
0.7 msec	0 도
T_P msec	$\frac{(T_P - 0.7)}{(2.3 - 0.7)} \times 180$ 도
2.3 msec	180 도

❑ 각도 해상도

RC 서보 모터에서의 각도 정밀도는 RC 서보에 인가되는 PWM 파형에서 High 상태의 시간을 제어하는 정밀도에 영향을 받는다. 인가되는 PWM 파형의 High 구간 펄스 폭에 의해서만 영향 받을 뿐 RC 서보모터 자체의 각도 해상도에 대한 제한 사항은 없다. 180도의 회전 각도를 제어하는데 PWM 펄스의 High 구간 시간은 최대와 최소 시간의 차이가 불과 1.6 msec이다. 따라서, 1도의 회전 각도 해상도를 위해서는 PWM의 High 구간을 10 usec 이하의 정밀도로 출력할 수 있어야 한다.

3.3 RC 서보모터 구동 시스템 설계

3.3.1 PWM 파형 생성기

RC 서보 모터의 제어는 50~100 Hz의 PWM 파형을 생성하여야 한다. High 구간의 시간은 0.7~2.3 msec 범위이므로 PWM의 듀티비 측면에서는 불과 10% 범위 내에서 사용한다. 따라서 PWM 파형의 High 구간을 제어하는 정밀도가 RC 서보모터의 제어 분해능과 직결된다.

PWM 파형을 생성하기 위해서는 마이크로프로세서에서 타이머 인터럽트를 활용하여 소프트웨어적인 방법을 활용하거나 MCU 또는 FPGA로 PWM 생성기를 구현하여야 한다. 두 가지 방법에 대하여 설명한다.

(1) 타이머 인터럽트 사용

타이머 인터럽트를 사용하는 방식은 마이컴의 FW를 이용하여 PWM을 생성하는 방식이다. 타이머 인터럽트의 발생 주기는 PWM 파형의 펄스 폭 해상도와 관련되므로 가능한 짧게 발생시켜야 한다. 인터럽트 처리 함수에서는 타이머 인터럽트의 발생 횟수를 카운트하여 PWM의 High와 Low 구간의 길이를 제어한다. PWM 파형은 MCU의 GPIO를 이용하여 출력하게 된다.

그림 3.3.1에는 MCU의 타이머 인터럽트를 발생시키고, 해당 인터럽트 처리 함수에서 원하는 PWM 파형을 생성하기 위한 플로우차트를 나타내었다. 그림 3.3.1에서 cnt는 타이머 인터럽트가 발생하는 횟수를 카운트하기 위한 변수이다. period는 PWM 파형의 한 주기에 해당하는 타이머 인터럽트의 발생 횟수로 미리 정해진 값이다. PWM 파형의 펄스 폭을 결정하는 width는 PWM 파형의 펄스 폭에 대응하는 타이머 인터럽트 발생 횟수

이다. RC 서보 모터의 회전 각도를 조절하려면 width 값만 변경하는 것으로 쉽게 구현이 가능하다.

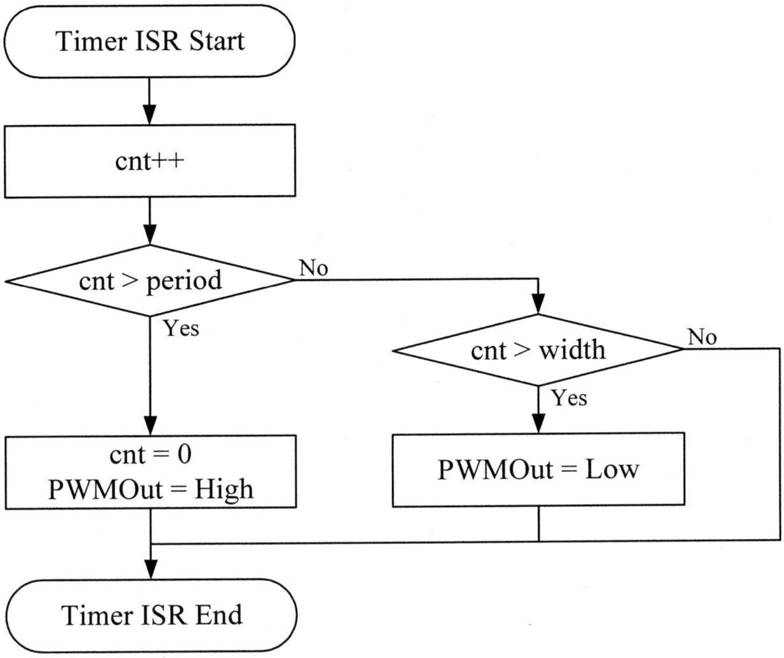

그림 3.3.1 PWM 생성용 타이머 인터럽트 처리 함수의 플로우차트

(2) PWM 생성기 사용

앞에서 살펴본 타이머 인터럽트를 이용한 RC 서보모터의 제어는 MCU의 FW에서 PWM 파형을 생성하여야 하므로 FW에서 많은 일을 수행하여야 한다. PWM 파형 생성과 같은 단순한 일을 FW에 의하여 수행하면 MCU에서 다른 작업을 수행하기에 복잡성이 증가하는 문제가 발생할 수 있다. 따라서, PWM 신호를 생성하는 기능은 가능한 HW로 구현하고, MCU의 FW에서는 PWM 신호의 펄스 폭의 변경이 필요할 때만 PWM 신호 생성기에 정보를 전달하는 것이 FW 구현 측면에서 보다 효율적이다.

그림 3.3.2에는 RC 서보모터 제어를 위한 PWM 생성기의 블록선도를 나타내었다. 구조는 DC 모터 구동을 위한 PWM 생성기와 동일하다. 다만, PWM의 주파수가 DC 모터 구동용 PWM 생성기보다는 훨씬 낮은 주파수이므로 카운터 및 래치의 비드 수 결정에 다음 사항을 주의하여야 한다.

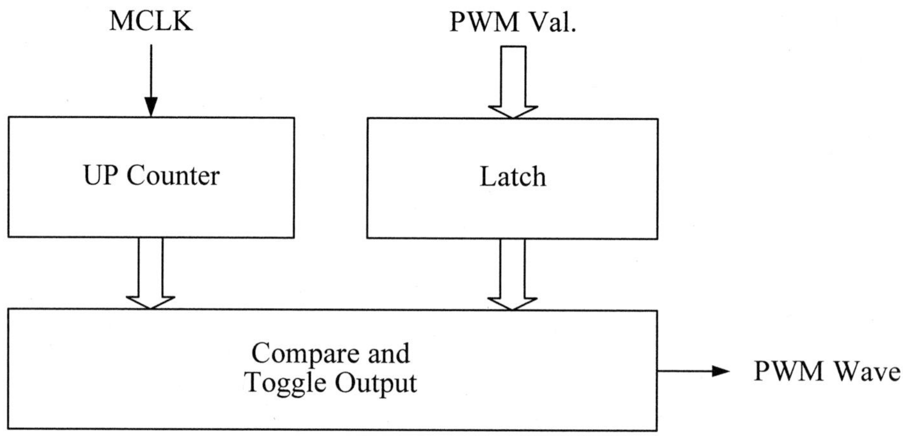

그림 3.3.2 RC 서보모터 제어를 위한 PWM 생성기

❑ DC 모터의 PWM 주파수

DC 모터의 디지털 제어에서 가장 널리 사용되는 샘플링 주파수는 1 kHz이다. PWM 주파수는 샘플링 주파수보다 10배 이상 높은 것이 권장되므로 10 kHz 정도의 PWM 신호 주파수를 확보하여야 한다. MCLK는 전체 블록의 마스터 클럭으로 수십 MHz를 사용하는 것이 일반적인데, 여기서는 40 MHz를 사용하는 것으로 가정한다. PWM 생성기에서 12 비트를 사용한다면 40 MHz의 마스터 클럭을 사용할 때, Up 카운터의 오버플로우가 발생하는 주파수는 다음과 같다.

$$f_{PWM} = \frac{f_{MCLK}}{2^{12}} = \frac{40\text{MHz}}{4096} \cong 10\text{KHz} \tag{3.3.1}$$

따라서 원래 의도하였던 PWM 주파수를 확보할 수 있다.

❑ RC 서보모터의 PWM 주파수

RC 서보모터의 PWM 주파수는 앞에서 설명한 대로 50～100 Hz이다. 즉, DC 모터의 경우와 비교하여 100～200배 느리다. 따라서, DC 모터에 적용하였던 40 MHz의 마스터 클럭을 사용하는 경우에 12 비트의 PWM 생성기로는 원하는 PWM 주파수를 맞출 수 없다. 마스터 클럭을 변경하지 않는 이상 PWM 생성기의 비트 수를 증가시켜야 한다.

100～200배 낮은 주파수를 구현하기 위해서 단순하게 생각하여 7 비트를 증가시키면 128배 낮은 주파수를 구현하게 된다. 즉, 19 비트의 Up 카운터를 사용하면 PWM 주파수는 대략 76 Hz가 되므로 13 msec 주기의 PWM 파형을 생성할 수 있다.

또한, RC 서보모터의 회전 각도를 180도 범위 내에서 제어하는데 필요한 PWM 펄스 폭의 변동은 1.6 msec 정도이다. 40 MHz를 사용하므로 PWM 신호에서 펄스 폭의 가장 작은 변동은 25 nsec가 되어 각도로 환산하면 0.0028도 정도로 매우 작다. RC 서보모터로 이러한 정밀도로 제어할 필요는 없다. 또한, MCU에서 설정하는 래치의 해상도를 19 비트로 사용하는 것은 다소 무리일 수 있다. 따라서, up 카운터는 19 비트로 하되 래치는 12 비트 정도를 사용하면 PWM 신호에서 펄스 폭의 가장 작은 변동은 3.2 usec가 되어 이는 RC 서보 모터의 0.36도 회전 각도에 해당하게 된다.

스테핑 모터

CHAPTER 4

4.1 스테핑 모터 소개

모션 제어 시스템에서 스테핑 모터의 활용이 점차 증가하고 있다. 스테핑 모터는 DC 모터와 다르게 정해진 스텝 각도 단위로 구동된다. DC 모터에서는 정지마찰력으로 인하여 위치 정밀도 보장에 어려움이 있지만 스테핑 모터에서는 정해진 스텝 각도의 정밀도가 보장되므로 DC 모터에 비하여 높은 위치 제어 정밀도를 확보할 수 있다. 또한, 스테핑 모터의 제어 구조는 별도의 센서를 사용하는 피드백 제어 대신 오픈루프 제어를 사용하므로 제어 시스템의 구조도 피드백 제어를 기반으로 하는 DC 모터의 경우보다 훨씬 단순하다. 특히, 디지털 개념의 On/Off 제어 방식을 활용하므로 마이크로프로세서 등을 활용한 디지털 제어 시스템으로 구현이 용이한 장점 등이 있다. 본 절에서는 스테핑 모터를 소개하고, DC 모터와 구별되는 특징을 살펴본다.

4.1.1 스테핑 모터의 특징

스테핑 모터는 이전에 살펴본 DC 모터와 함께 가장 널리 사용되는 모터의 한 종류이다. DC 모터와 구별되는 스테핑 모터의 여러 특징이 있는데, 대표적인 특성을 정리하면 다음과 같다.

❑ 기본 회전 단위의 스텝 각(step angle)

스테핑 모터에서는 회전의 기본 단위인 스텝 각(step angle)은 스테핑 모터별 고유 특성값으로 내부 구조에 의하여 결정된다. 스텝 각이 작을수록 스테핑 모터는 높은 각도 분해능을 가지게 되며, 각도 정밀도도 향상된다. 모든 회전은 기본적으로 스텝 각 단위로 발생하므로 회전자의 회전 각도는 회전한 스텝 수에 의하여 결정된다.

❑ 전기 회로에 의한 권선 전류의 제어

스테핑 모터의 구동에 있어서도 DC 모터에서와 마찬가지로 권선에 흐르는 전류에 의하여 회전 토크가 발생한다. 따라서 권선에 흐르는 전류의 방향 및 크기를 제어함으로써 스테핑 모터의 회전 방향과 토크를 사용자의 의도에 따라 제어할 수 있다. DC 모터와의 차이점으로 스테핑 모터에는 여러 개의 권선이 있어서, 각 권선에 인가하는 전류의 순서를 조절하여 스테핑 모터의 회전을 제어한다.

❑ 오픈루프 제어(open-loop control)

스테핑 모터의 제어에서는 기본적으로 오픈루프 제어 방식을 적용한다. 따라서 회전 각도를 감지하기 위한 별도의 센서를 사용하지 않고, 권선에 전류를 인가하는 순서 및 횟수를 제어함으로써 스테핑 모터마다 고유하게 결정된 스텝 각 이내에서 정밀하게 제어가 가능하다.

4.1.2 DC 모터와 스테핑 모터의 장단점 비교

스테핑 모터를 DC 모터와 비교하여 그 장단점을 비교한다. 스테핑 모터가 가지는 장점은 다음과 같다.

❑ 스텝 각의 각도 정밀도 보장

스테핑 모터는 기본적으로 고유의 스텝 각 단위로 회전한다. 회전하려는 각도를 스텝 각으로 나누면 몇 스텝을 회전해야 하는지 쉽게 환산할 수 있다. 또한, 영구자석을 회전자에 사용하는 경우에는 고정자 권선에 전류가 흐르지 않더라도 정해진 스텝 각 위치에서 멈추려는 특성이 있으므로 정해진 각도 정밀도가 보장된다.

❑ 정지마찰력에 의한 영향이 적음

DC 모터에서는 정지마찰력에 의한 영향으로 저속에서 정밀한 제어가 불가능하다. 정지 마찰력은 정지한 상태에서 처음 움직이기 시작할 때까지만 나타나는 비선형적인 마찰력으로 DC 모터를 이용한 모션 제어 시스템에서 해결하기 매우 어려운 외란 중의 하나이다. 반면, 스테핑 모터에서는 스텝 각의 기본 구동 단위로 이동하는 만큼 정지마찰력의 영향을 거의 받지 않는다.

❑ 고정자 권선에 흐르는 전류의 On/Off 제어

스테핑 모터의 구동에서도 권선에 흐르는 전류를 제어하는 것은 DC 모터의 구동에서와 동일하다. 하지만 스테핑 모터에서는 권선에 흐르는 전류를 On/Off 제어함으로써 구동이 가능하므로 아날로그 회로에 대한 깊은 이해가 없어도 쉽게 구현이 가능하며, MCU 등의 디지털 소자를 이용한 제어 회로 구성이 매우 편리하다.

이렇듯 스테핑 모터에서는 DC 모터와 구별되는 많은 장점이 있다. 하지만 단점도 다수 있으므로 시스템 구현에 반드시 고려하여야 한다. 스테핑 모터의 단점을 정리하면 다음과 같다.

❑ 정해진 스텝 각 이하의 각도 분해능 확보의 어려움

앞에서 스테핑 모터는 기본적으로 스텝 각 단위로 회전한다고 설명하였다. 따라서 스텝 각보다 작은 각도를 회전하는 것이 까다로운 편이다. 마이크로 스텝 구동 알고리즘이 적용되기는 하지만 구동 및 제어 회로가 복잡한 편이다.

❑ 탈조

스테핑 모터를 회전시키기 위해서는 2개 이상의 고정자 권선에 전류를 인가하는 순서를 규칙적으로 전환하여야 한다. 따라서 스테핑 모터의 회전 속도는 권선에 흐르는 전류의 상태 전환 속도에 비례하게 된다. 빠른 상전환은 높은 회전 속도로 나타나는데, 스테핑 모터의 최대 회전 속도보다 빠르게 전류의 상전환을 적용하면 스테핑 모터가 회전하지 못하고 제자리에서 진동하는 탈조 현상이 발생한다. 기본적으로 오픈루프제어를 적용하는 스테핑 모터 제어 시스템에서는 이를 감지할 수 있는 센서가 없는 경우가 일반적이므로 탈조가 발생하지 않는 회전 속도로만 구동하여야 한다. 최근 들어 탈조를 감지하는 기술이 일부 사용되기는 하지만 아직 보편적이진 않다.

❑ 저속에서의 진동

스테핑 모터를 고속 회전시킬 때는 탈조가 발생하지 않도록 주의하여야 하는 반면 저속 회전에서는 진동으로 인한 문제가 발생한다. 스텝 각 단위의 구동이므로 저속으로 회전시키게 되면 스텝 각도만큼 회전과 정지를 반복하게 되는데, 이러한 이유로 기계적 진동이 발생하게 된다. 진동 성분이 문제가 되는 경우 마이크로 스텝 구동 등의 방법을 활용하여야 한다.

❑ 전류 소모가 많음

스테핑 모터에서는 정지한 상태에서 가장 많은 전류를 소모한다. 정지한 상태에서도 고정자 권선에 전류가 흐르고 있기 때문이다. 회전자가 회전한다면 역기전력에 의하여 오히려 전류가 감소하는 경향이 있지만, 정지한 상태에서는 권선의 작은 저항 성분 외에는 전류를 제한하는 요소가 없다. 권선에 흐르는 전류는 권선에서 발생하는 열로 발산되는데, 과도한 전류에 따른 높은 열은 권선을 태워버릴 수 있으므로 스테핑 모터 구동 회로에서는 최대 전류를 제한하는 기능이 반드시 필요하다.

4.2 스테핑 모터의 구조 및 분류

스테핑 모터는 구분하는 기준에 따라 여러 종류로 분류된다. 스테핑 모터의 기본적인 구동 원리는 동일하지만 내부 구조 및 종류에 따라 세부 구동 회로 및 방식은 조금씩 차이를 가진다. 따라서 올바른 스테핑 모터의 제어를 위해서는 대상 스테핑 모터의 종류를 확인하여야 하며, 또한 제어 목적에 따라 적합한 구동 회로 및 알고리즘을 적용하여야 한다. 본 절에서는 대표적인 분류 기준에 따른 스테핑 모터의 종류, 구조 그리고 구동 회로에 대하여 살펴본다.

4.2.1 기계적 구조에 의한 분류

스테핑 모터의 내부 구조는 모터 샤프트에 고정되어 회전하는 회전자(rotor)와 회전하지 않는 고정자(stator)로 구성된다. 고정자는 일정한 간격으로 배치된 다수의 코일 권선으로 구성되며, 회전자는 영구자석 또는 특별한 전기 재료로 제작되는데, 기계적 내부 구조 및 구동 원리에 따라 크게 가변 자기저항형(Variable reluctance type), 영구자석 형(Permanent magnet type) 그리고 하이브리드형(Hybrid type) 스테핑 모터로 구분된다.

(1) 가변 자기저항형 스테핑 모터

가변 자기저항형 스테핑 모터는 자기저항과 관련된 전기 재료로 만들어지며 기어 모양의 이빨을 가진 회전자를 가지고 있다. 회전자에 사용되는 전기 재료는 일반 공기 보다 작은 자기저항을 가진다. 전류가 흐르는 고정자 권선에서 발생한 자기장의 자기저항이 최소가 되도록 회전자가 스스로 회전하는 원리를 사용한다.

그림 4.2.1에는 가변 자기저항형 스테핑 모터의 내부 구조를 나타내었다. 일반적으로 가변 자기저항형 스테핑 모터의 회전자 이빨 수는 고정자의 권선 수보다 작다. 따라서 전류가 흐르는 권선이 바뀌면 변경된 상태에서의 자기저항을 최소화하는 위치로 회전자가 회전하게 된다. 영구자석이 사용되지 않는 관계로 모터의 권선을 모두 오픈한 상태에서 회전축을 손으로 돌려보아도 걸리는 느낌이 전혀 발생하지 않는다.

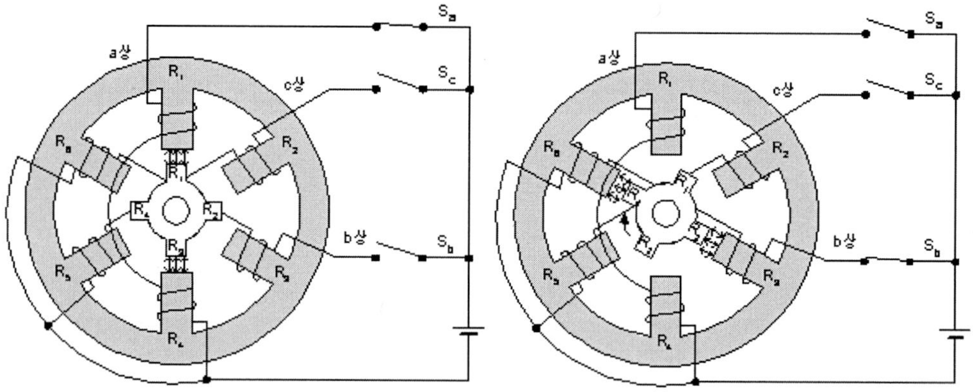

(a) S_aON, 초기 0°의 위치 (b) S_bON, 30°만큼 CW방향으로 이동
(c) S_cON, 30°만큼 CW방향으로 이동하여 최종 60°의 위치로 이동함.

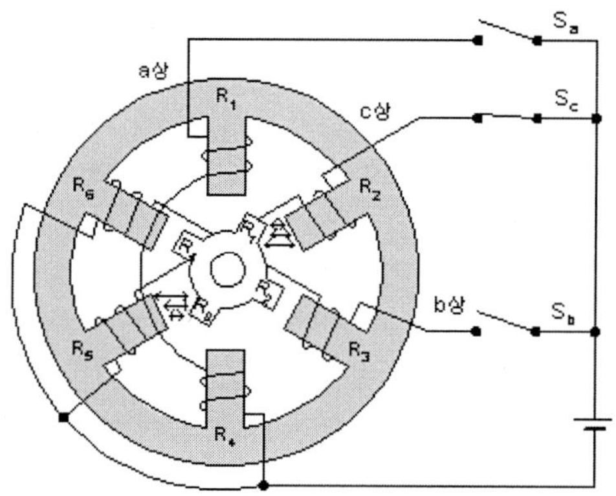

그림 4.2.1 가변 자기저항형(VR type) 스테핑 모터의 구조 및 구동

그림 4.2.1에 나타낸 구동 원리를 설명하면 다음과 같다. 고정자는 A상, B상 및 C상으로 구성된 3개의 코일로 구성되어 있으며 각 코일의 여자 상태만을 표시하였다. 그림 4.2.1 (a)의 경우 스위치 A상에만 전류가 흐르고 B상과 C상의 코일에는 전류가 흐르지 않는다. 이때 고정자 코어 및 회전자 코어는 여자된 상태로 자기저항을 최소화하는 방향으로 발생하는 인력으로 인하여 로터는 정지한다.

이제 A상 코일의 전류를 끊고 B상 코일에 전류를 인가하면 B상 코일에 있는 고정자의 철심 Rb1과 Rb2, 회전자의 R2와 R4에 그림 4.2.1 (b)의 화살표 방향으로 인력이 작용한다. 이에 따라 회전자는 시계 방향으로 조금씩 회전하게 되고, 그림 4.2.1 (c)에 나타낸 것처럼 Rb1과 R2, Rb2와 R4의 각도가 일치하게 되면 회전이 정지하게 된다. B상 코일의 전류를 끊고 C상 코일에 전류를 인가하면 이와 유사한 작용에 의해 시계방향으로 계속 회전하게 된다.

가변 자기저항형 스테핑 모터의 회전자는 영구자석이 아니다. 권선에서 발생하는 자기장의 자기저항을 줄이는 방향으로 회전자가 회전하는 것이므로 자기장의 방향은 회전 방향과는 전혀 무관하다. 결과적으로, 고정자 권선에 흐르는 전류의 방향은 회전 방향과 관련이 없다.

(2) 영구자석형 스테핑 모터

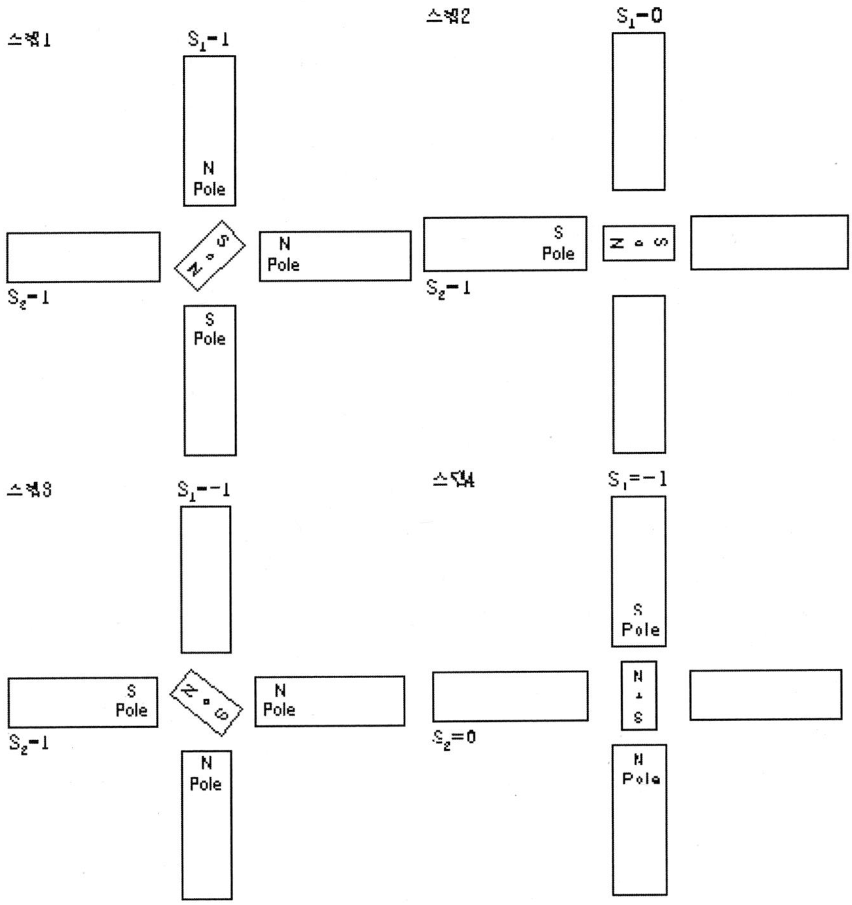

그림 4.2.2 영구자석형(PM type) 스테핑 모터의 구조 및 구동

영구자석형 스테핑 모터에서는 영구자석으로 만들어진 회전자와 고정자 코일에서 발생한 자기력 사이의 흡인, 반발력을 이용하는 방식으로 구동된다. 회전자로 영구자석을 사용하는 관계로 고정자 코일에 전류가 흐르지 않는 상태에서도 회전자의 영구자석과 고정자 철심 사이의 자기력으로 인하여 회전하지 않으려는 토크가 발생한다. 가변 자기저항형 스테핑 모터와 구동 방식은 같으면서도 가격이 저렴하여 일반적인 기기에 많이 이용되지만 스텝 각이 큰 편이어서 정밀한 각도 분해능이 보장되지는 않는다. 그림 4.2.2에 2상 영구자석형 스테핑 모터가 시계방향 회전하는 경우의 각 스텝의 순서를 보였다.

(3) 하이브리드형 스테핑 모터

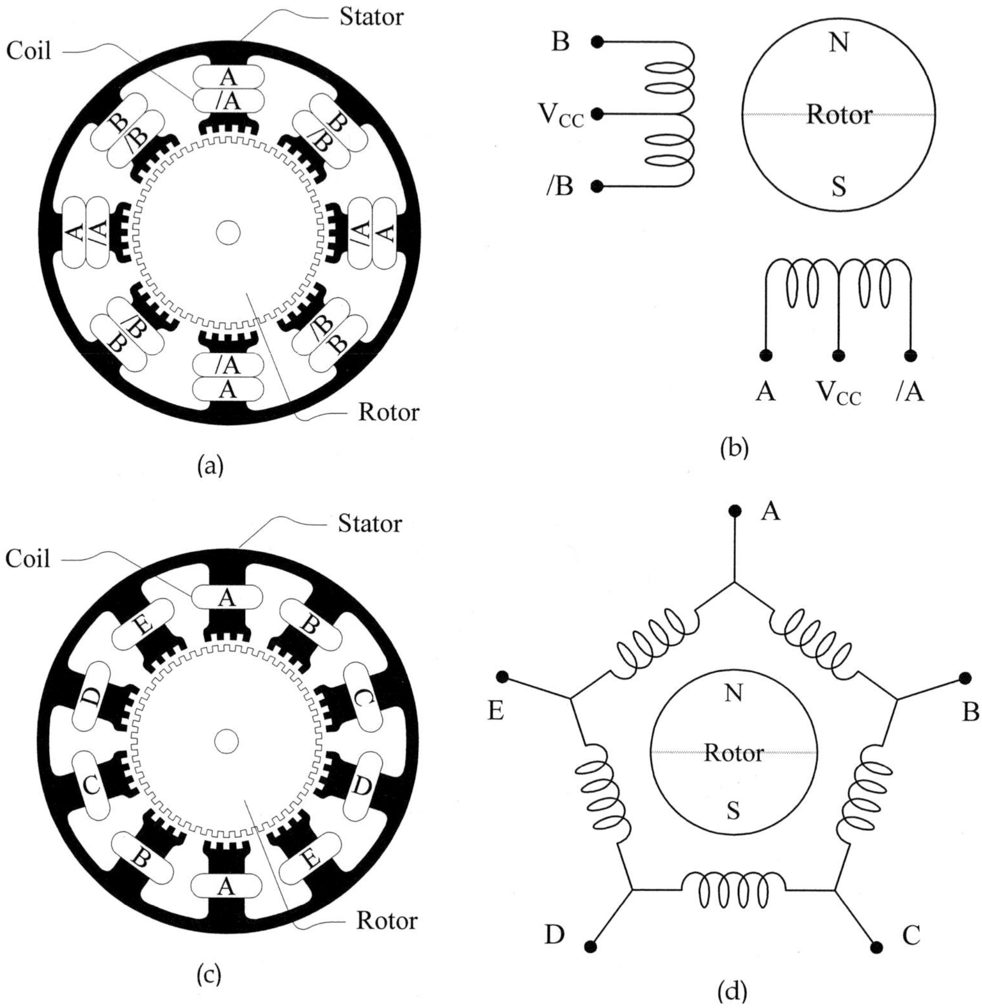

그림 4.2.3 하이브리드형(Hybrid type) 스테핑 모터

하이브리드형 스테핑 모터는 VR형과 PM형 스테핑 모터의 장점을 합쳐 각도 분해능이 우수하게 만든 스테핑 모터로 가장 널리 사용된다. 회전자의 회전축 축방향으로 영구자석을 사용하고, 그 바깥에 전기 재료를 이용한 기어 형상의 회전자를 구성한다. 회전자의 영구자석과 고정자 권선에 흐르는 전류로 인하여 발생하는 자기력에 의하여 발생하는

흡인, 반발력에 의하여 회전자가 회전한다. 회전자에 영구자석을 사용한 관계로 고정자 권선에 전류가 흐르지 않더라도 고정자 철심과 회전자 영구자석의 흡인력으로 인하여 회전하지 않으려는 토크가 발생한다. 그림 4.2.3은 4상과 5상 복합형 스테핑 모터의 구조와 내부 결선을 나타내었다.

그림 4.2.3에 나타내었듯이 하이브리드형 스테핑 모터의 고정자와 회전자는 모두 기어 형상으로 구성되는데, 이는 작은 스텝 각을 구현하여 각도 분해능을 향상하기 위한 것이다. 고정자 권선 코일의 수에 따라 4상과 5상 스테핑 모터가 있는데, 일반적으로 5상 스테핑 모터가 정밀 기기용으로 많이 이용된다. 4상과 5상 스테핑 모터의 스텝 각을 비교해 보면 회전자의 잇수가 50개일 때 4상은 1.8도이고, 5상은 0.72도이다.

4.2.2 고정자 권선 결선 구조에 의한 분류

스테핑 모터에서는 코일의 결선 구조에 따라 코일에 흐를 수 있는 전류의 방향이 결정된다. 하나의 코일에서 전류가 한쪽 방향으로만 흐르는 유니폴라(unipolar) 형태와 양방향으로 흐를 수 있는 바이폴라(bipolar) 형태로 구분할 수 있다. 그림 4.2.4와 4.2.5에는 각각 유니폴라와 바이폴라 스테핑 모터의 고정자 권선의 결선 구조를 나타내었다.

❑ 유니폴라 권선 구조

유니폴라 형태의 권선 구조는 그림 4.2.4 (a)에 나타낸 것과 같이 2개의 코일이 직렬로 연결되고, 중간 탭이 공통(common) 단자로 설정된다. 통상적으로 공통 단자는 스테핑 모터의 구동 전압원에 고정하고, 나머지 두 단자에 트랜지스터 등의 스위칭 소자를 연결하여 권선에 흐르는 전류를 On/Off 제어한다.

그림 4.2.4 (b)에는 권선 A에 전류를 흘리기 위하여 A단자를 GND에 연결한 경우이며, 그림 4.2.4 (c)에는 권선 B에 전류를 인가하기 위하여 $\overline{A}$단자를 GND에 연결한 경우이다. 각 단자를 GND에 연결했을 때에만 전류가 흐르고, Vcc에 연결하거나 open한 상태에서는 전류가 흐르지 않는다.

유니폴라의 의미는 하나의 코일에서 전류가 한쪽 방향으로만 흐를 수 있다는 의미이다. 그림 4.2.4에서 권선 A에는 공통 단자에서 A단자의 방향으로만 전류가 흐를 수 있고, 권선 B에서도 공통 단자에서 B단자 방향으로만 전류가 흐를 수 있다.

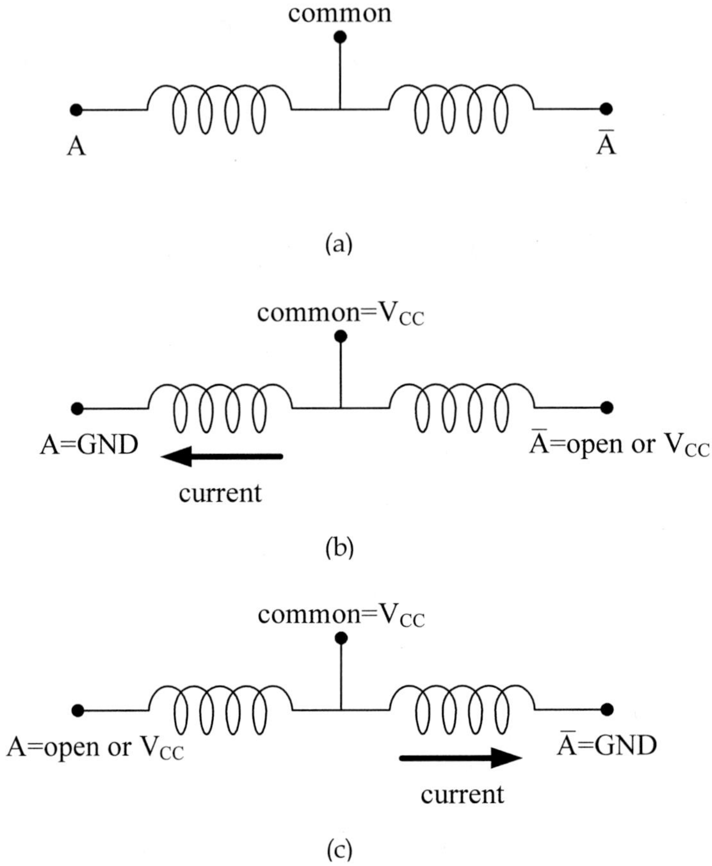

그림 4.2.4 유니폴라 권선 결선 구조

❑ 바이폴라 권선 구조

그림 4.2.5 (a)에는 바이폴라 형태의 권선 결선 구조를 나타내었다. 코일에 전류를 인가하기 위해서는 코일 양 단자에 서로 다른 전압을 인가하여야 한다. 코일의 양 단자가 같은 전압이거나 한 단자라도 open 상태이면 전류가 흐를 수 없다.

그림 4.2.5 (b)에는 A단자와 $\bar{A}$단자에 각각 Vcc와 GND를 연결하여 전류를 A단자에서 $\bar{A}$단자로 흐르게 하였으며, 그림 4.2.5 (c)에서는 $\bar{A}$단자에서 A단자로 흐르게 하였다.

바이폴라의 의미는 권선에 전류가 양방향으로 흐를 수 있음을 의미한다. 이를 위해서 권선의 각 단자를 구동하는 회로는 Vcc 또는 GND를 출력할 수 있어야 한다.

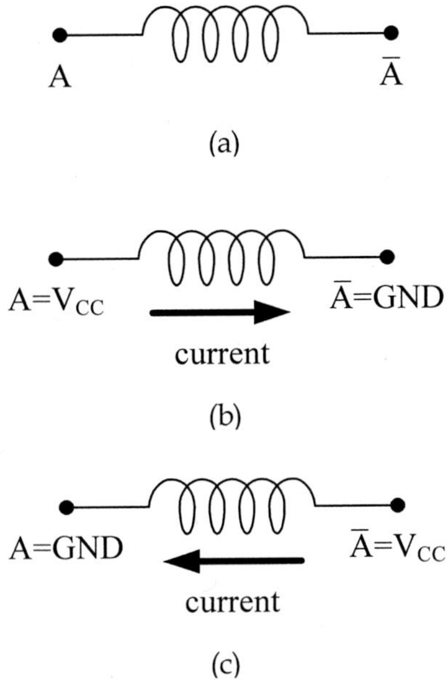

그림 4.2.5 바이폴라 권선 결선 구조

❑ 유니폴라 권선 구조에서 바이폴라 구동

그림 4.2.4에 나타낸 바와 같이 유니폴라 권선 구조에서는 두 권선 중간에 공통 단자가 있으며, 통상적으로 모터 구동 전원에 연결한다. 만약 공통 단자를 open한 상태로 사용하면 권선에 전류를 인가하기 위해서는 나머지 두 단자인 A와 $\overline{A}$단자를 그림 4.2.5와 같이 구동하여야 한다.

4.3 스테핑 모터의 구동

스테핑 모터의 구동을 위해서는 DC 모터에서와 마찬가지로 권선에 전류를 공급하여야 한다. DC 모터와의 차이점으로는 권선이 여러 개 있고, 각 권선에 전류가 흐르거나 흐르지 않는 디지털 적인 개념이 적용되며, 스테핑 모터의 회전을 위해서는 각 코일에 흐르는 전류를 계속 순차적으로 스위칭하여야 한다. 본 절에서는 여러 종류의 스테핑 모터 구동 방식과 각 방식에 적합한 드라이버 회로에 대하여 설명한다.

4.3.1 풀 스텝(full step) 구동 방식

스테핑 모터에서의 스텝 각은 스테핑 모터의 종류, 회전자와 고정자의 기구적인 형태, 그리고 권선의 수 등 다양한 요인에 의하여 결정되는 모터 고유의 특성이다. 스테핑 모터의 각도 분해능은 기본적인 스텝 각에 의하여 결정되는데, 회전의 기본 단위가 스텝 각이 되도록 구동하는 방식이 풀 스텝 구동 방식이다. 코일에 전류가 한쪽 방향으로만 흐르는 유니폴라 구동과 전류의 방향이 바뀔 수 있는 바이폴라 구동 각각에 대하여 설명하면 다음과 같다.

(1) 유니폴라 구동

유니폴라 구동에 대한 설명을 위하여 그림 4.3.1과 같은 스텝 각 90도의 4상 유니폴라 스테핑 모터의 모델을 생각해보자.

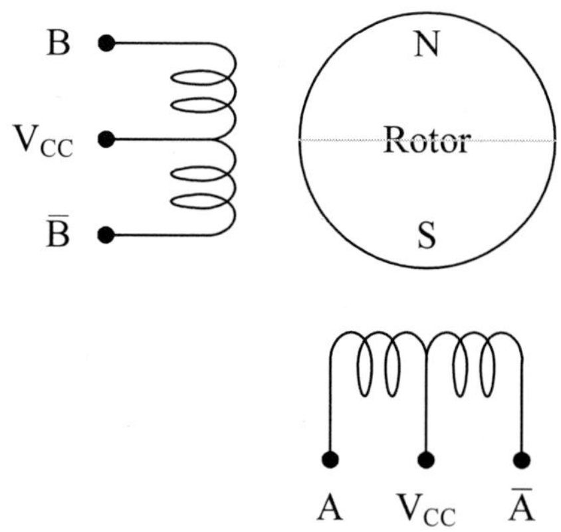

그림 4.3.1 스텝 각 90도의 가상 유니폴라 스테핑 모터

그림 4.3.1에서 A, B, $\overline{A}$, $\overline{B}$는 각각 코일 또는 코일의 단자를 의미한다. 앞에서 설명한 바와 같이 공통 단자는 모터 구동 전원에 연결한 것을 가정한다. 각 코일에서의 전류는 한 방향으로만 흐를 수 있고, 각 코일에 전류가 흐르면 A와 B 코일은 회전자 방향으로 N극, $\overline{A}$와 $\overline{B}$ 코일은 S극이 된다고 가정한다. 회전자는 N극과 S극이 각 1개씩인 영구자석으로 가정한다.

이제 코일에 전류를 인가하여 회전자를 회전시키는 방법에 대하여 설명한다. 한 번에 코일 하나에만 전류를 인가하는 1상 여자 방식과 한 번에 2개 코일에 전류를 인가하는 2상 여자 방식으로 구분할 수 있다.

❑ 1상 여자 방식

그림 4.3.2에는 그림 4.3.1에서 나타낸 A, B, $\overline{A}$, $\overline{B}$의 4개 코일을 각각 구동하였을 때의 회전자의 위치를 화살표로 나타내었다.

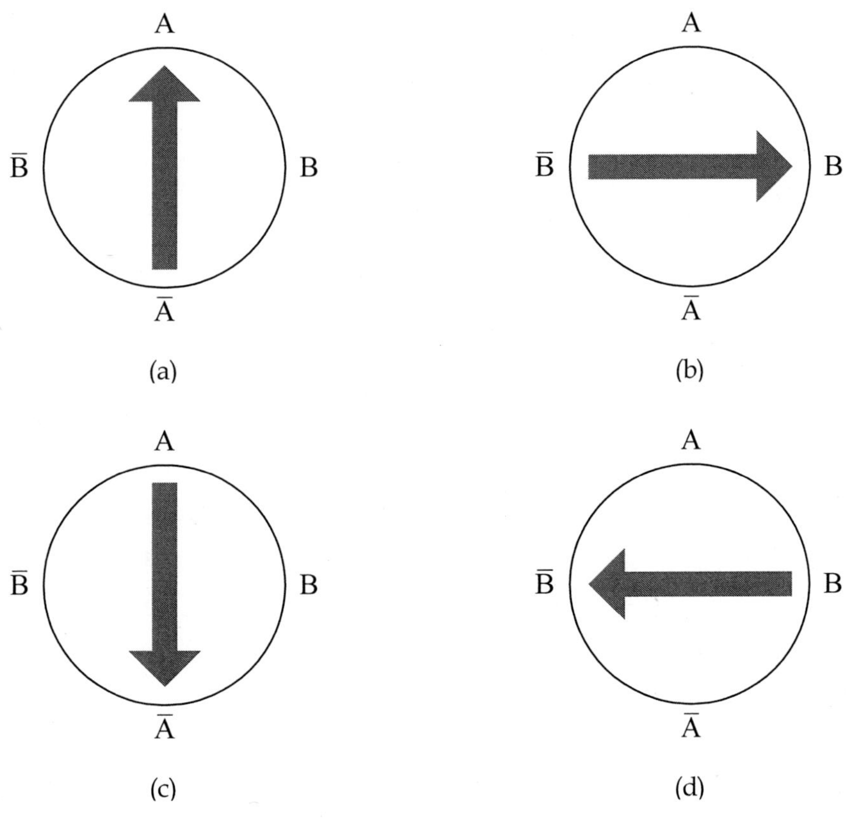

그림 4.3.2 유니폴라 구동에서 1개 코일에 전류 인가 시 회전자 방향

그림 4.3.2의 각 그림에 포함된 문자는 A, B, $\overline{A}$, $\overline{B}$의 4개 코일에 각각 전류가 흘렀을 때 화살표의 화살촉(N극)이 가리킬 방향이다. 예를 들어, 그림 4.3.1에서 보면 A 코일에 전류가 흐르면 A 코일은 N극이 되고, 회전자의 N극은 코일에서 멀어져야 하므로 그림 4.3.2 (a)와 같이 나타난다. (b), (c), (d)도 동일하게 이해할 수 있다.

표 4.3.1에는 1상 여자 방식을 위한 A, B, $\overline{A}$, $\overline{B}$의 4개 코일을 여자시키는 순서를 요약하였다. 1상 여자 방식은 4개의 코일 중 하나만 여자시키는 방식이다. 회전자를 시계 방향으로 회전시키고자 할 때에는 Phase0 → Phase1 → Phase2 → Phase3 → Phase0 → … 의 순서로 반복하면 되고, 반시계 방향으로 회전시키고자 할 때에는 Phase3 → Phase2 → Phase1 → Phase0 → Phase3 → … 의 순서로 반복하면 된다.

표 4.3.1 유니폴라 구동 방식의 1상 여자 방식

순서	Phase0	Phase1	Phase2	Phase3
코일A	ON	off	off	off
코일B	off	ON	off	off
코일$\overline{A}$	off	off	ON	off
코일$\overline{B}$	off	off	off	ON
전류 방향	COM→A	COM→B	COM→$\overline{A}$	COM→$\overline{B}$
회전자 방향	0도	90도	180도	270도
회전자 상태	그림 4.3.2(a)	그림 4.3.2(b)	그림 4.3.2(c)	그림 4.3.2(d)

❑ 2상 여자 방식

2상 여자 방식은 1상 여자 방식과 다르게 한번에 2개의 코일에 전류를 인가하는 방식이다. 그림 4.3.3에는 그림 4.3.1에서 나타낸 A, B, $\overline{A}$, $\overline{B}$의 4개 코일 중 2개 씩을 구동하였을 때의 회전자 방향을 화살표로 나타내었다. 단, A와 A, 또는 B와 $\overline{B}$에 동시에 전류를 인가하는 경우는 없다. 이는 A와 $\overline{A}$, B와 $\overline{B}$ 코일은 각각 하나의 고정자 철심에 같은 방향으로 감겨있으므로 이 두 조합의 코일에 동시에 전류를 흘리면 각 코일에서 생성된 자기력이 서로 상쇄되어 없어지게 되기 때문이다.

그림 4.3.3의 각 그림에 포함된 문자는 앞에서와 마찬가지로 A, B, $\overline{A}$, $\overline{B}$의 4개 코일에 각각 전류가 흘렀을 때 화살표의 화살촉(N극)이 가리킬 방향이다. 이전과는 다르게 이번에는 2개의 코일에 동시에 전류를 인가하므로 그림 4.3.2와는 조금 다른 방향을 가리키

게 된다. 예를 들어, 그림 4.3.3 (a)처럼 A와 B 코일에 동시에 전류를 인가하면 그림 4.3.2 (a)와 (b)가 동시에 적용되는 경우이므로 회전자는 A와 B중간 방향을 향하게 된다. 그림 4.3.3의 (b), (c), (d)도 동일하게 이해할 수 있다.

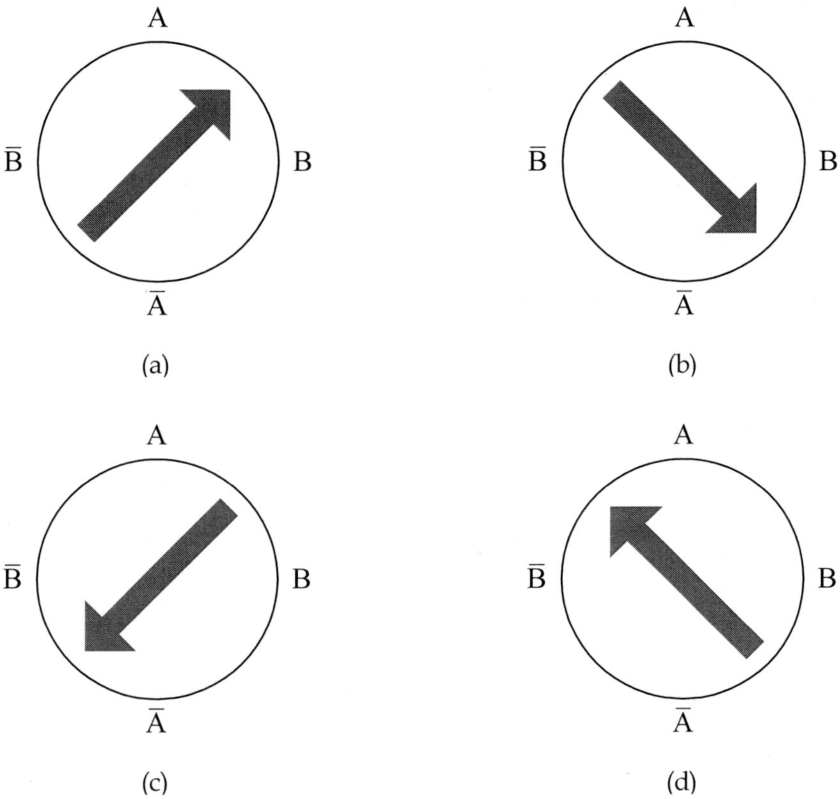

그림 4.3.3 유니폴라 구동에서 2개 코일에 전류 인가 시 회전자 방향

표 4.3.2에는 2상 여자 방식을 위한 A, B, $\bar{A}$, $\bar{B}$의 4개 코일을 여자시키는 순서를 요약하였다. 2상 여자 방식은 4개의 코일 중 2개를 여자시키는 방식이다. 회전자를 시계 방향으로 회전시키고자 할 때에는 Phase0 → Phase1 → Phase2 → Phase3 → Phase0 → … 의 순서로 반복하면 되고, 반시계 방향으로 회전시키고자 할 때에는 Phase3 → Phase2 → Phase1 → Phase0 → Phase3 → … 의 순서로 반복하면 된다.

표 4.3.2 유니폴라 구동 방식의 2상 여자 방식

순서	Phase0	Phase1	Phase2	Phase3
코일A	ON	off	off	ON
코일B	ON	ON	off	off
코일$\bar{A}$	off	ON	ON	off
코일$\bar{B}$	off	off	ON	ON
전류 방향	COM→A COM→B	COM→B COM→$\bar{A}$	COM→$\bar{A}$ COM→$\bar{B}$	COM→$\bar{B}$ COM→A
회전자 방향	45도	135도	225도	315도
회전자 상태	그림 4.3.3(a)	그림 4.3.3(b)	그림 4.3.3(c)	그림 4.3.3(d)

(2) 바이폴라 구동

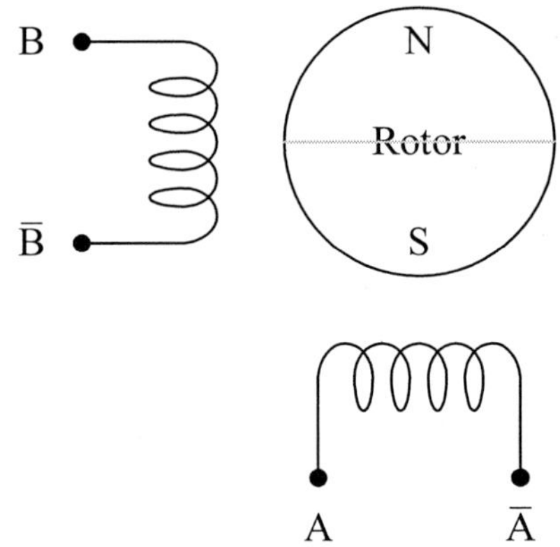

그림 4.3.4 스텝각 90도의 가상 바이폴라 스테핑 모터

바이폴라 구동은 스테핑 모터의 각 코일에 흐르는 전류 방향을 바꿀 수 있는 것을 의미한다. 바이폴라 구동에 대한 설명을 위하여 그림 4.3.4와 같은 스텝 각 90도의 2상 바이폴라 스테핑 모터의 모델을 생각해보자. 여기서 A, B, $\bar{A}$, $\bar{B}$는 각각 코일의 양 단자를 의미하며, 코일에 흐르는 전류의 방향은 코일 양 단자에 인가된 전압에 의하여 결정된다. 각 코일에 흐르는 전류의 방향이 A → $\bar{A}$, 또는 B → $\bar{B}$인 경우에 고정자 철심의 극석은 N극이 되고, 반대의 경우에 S극이 된다고 가정하고, 회전자는 N극과 S극이 각 1개씩인 영구자석으로 가정한다.

이제 코일에 전류를 인가하여 회전자를 회전시키는 방법에 대하여 설명한다. 바이폴라 구동에서도 유니폴라에서와 마찬가지로 한 번에 코일 하나에만 전류를 인가하는 1상 여자 방식과 한 번에 2개 코일에 전류를 인가하는 2상 여자 방식으로 구분할 수 있다.

❑ 1상 여자 방식

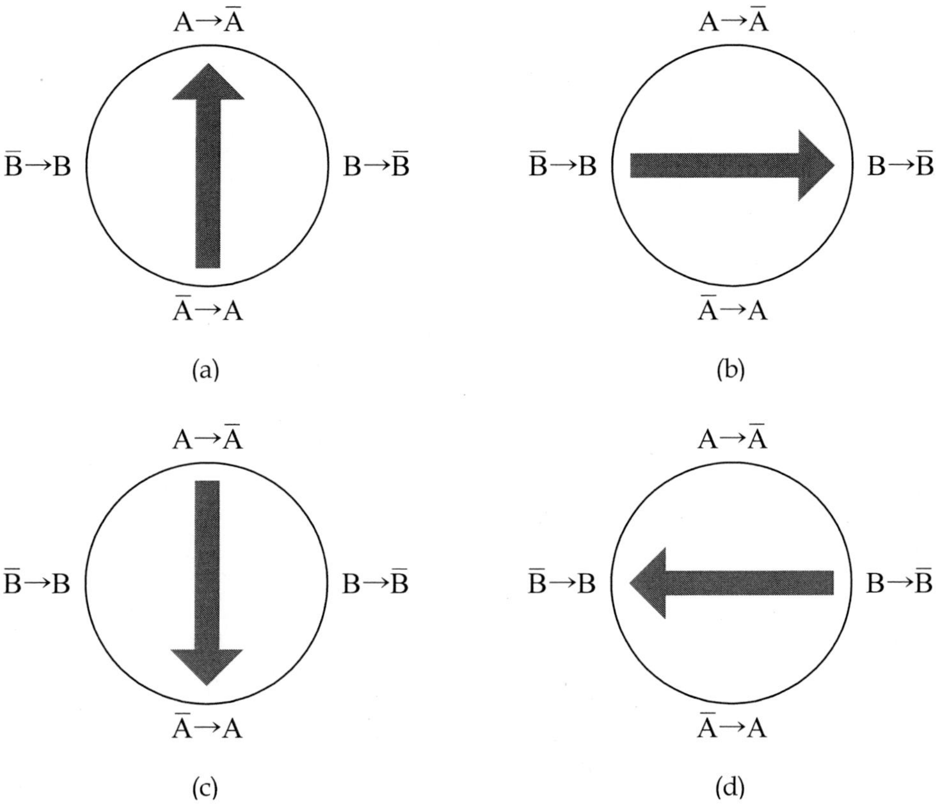

그림 4.3.5 바이폴라 구동에서 1개 코일에 전류 인가 시 회전자 방향

그림 4.3.5에는 그림 4.3.4에서 나타낸 두 코일의 전류 방향에 따라 결정되는 회전자의 방향을 화살표로 나타내었다.

표 4.3.3에는 1상 여자 방식을 위한 A, B, $\overline{A}$, $\overline{B}$의 단자 상태 순서를 요약하였다. 1상 여자 방식은 2개의 코일 중 하나만 여자시키는 방식이다. 회전자를 시계 방향으로 회전시키고자 할 때에는 Phase0 → Phase1 → Phase2 → Phase3 → Phase0 → … 의 순서로 반복하면 되고, 반시계 방향으로 회전시키고자 할 때에는 Phase3 → Phase2 →

Phase1 → Phase0 → Phase3 → … 의 순서로 반복하면 된다.

표 4.3.3 바이폴라 구동 방식의 1상 여자 방식

순서	Phase0	Phase1	Phase2	Phase3
단자A	High	off	Low	off
단자B	off	High	off	Low
단자$\overline{A}$	Low	off	High	off
단자$\overline{B}$	off	Low	off	High
전류 방향	A→$\overline{A}$	B→$\overline{B}$	$\overline{A}$→A	$\overline{B}$→B
회전자 방향	0도	90도	180도	270도
회전자 상태	그림 4.3.5(a)	그림 4.3.5(b)	그림 4.3.5(c)	그림 4.3.5(d)

❑ 2상 여자 방식

2상 여자 방식은 1상 여자 방식과 다르게 한번에 2개의 코일에 전류를 인가하는 방식이다. 그림 4.3.6에는 그림 4.3.4에서 나타낸 두 코일의 전류 방향에 따라 결정되는 회전자의 방향을 화살표로 나타내었다. 다만 2개의 코일에 전류가 동시에 흐르되 전류 방향에 따라 그림과 같이 4가지 조합이 발생할 수 있다.

2개의 코일에 동시에 전류를 인가하므로 그림 4.3.5와는 조금 다른 방향을 가리키게 된다. 예를 들어, 그림 4.3.6 (a)처럼 A와 B 코일에 동시에 전류를 인가하면 그림 4.3.5 (a)와 (b)가 동시에 적용되는 경우이므로 회전자는 두 경우의 중간 방향을 향하게 된다.

그림 4.3.6의 (b), (c), (d)도 동일하게 이해할 수 있다.

표 4.3.4에는 2상 여자 방식을 위한 A, B, $\overline{A}$, $\overline{B}$의 2개 코일을 여자시키는 순서 및 방향을 요약하였다. 2상 여자 방식은 2개의 코일 모두 여자시키되 전류의 방향 및 순서가 변경되는 방식이다. 회전자를 시계 방향으로 회전시키고자 할 때에는 Phase0 → Phase1 → Phase2 → Phase3 → Phase0 → … 의 순서로 반복하면 되고, 반시계 방향으로 회전시키고자 할 때에는 Phase3 → Phase2 → Phase1 → Phase0 → Phase3 → … 의 순서로 반복하면 된다.

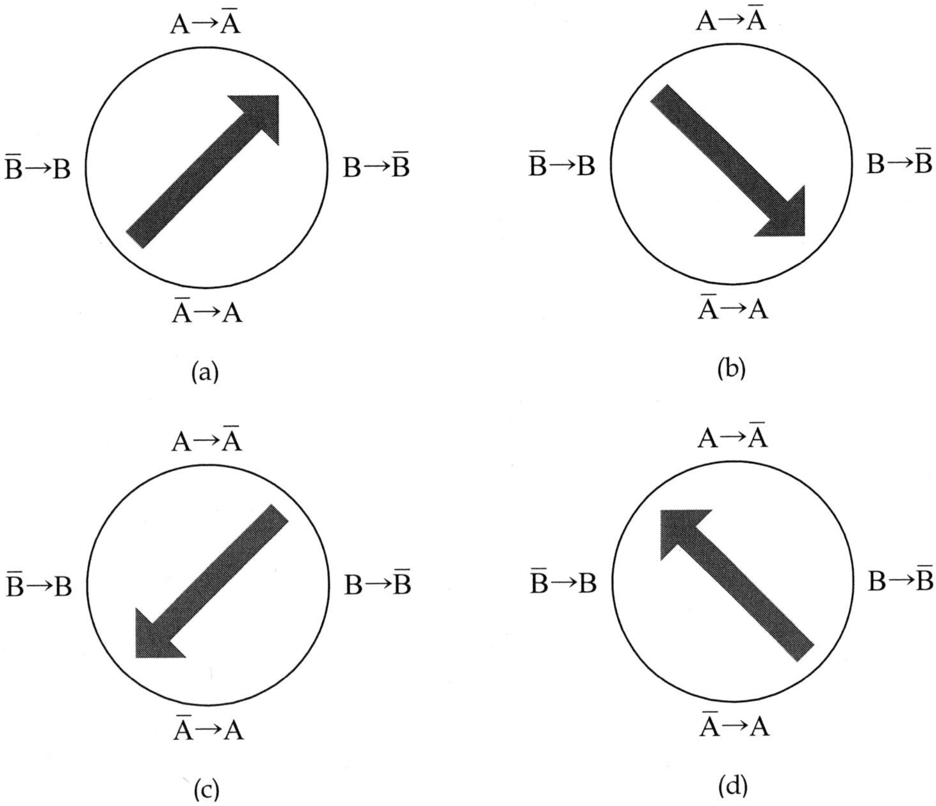

그림 4.3.6 바이폴라 구동에서 2개 코일에 전류 인가 시 회전자 방향

표 4.3.4 바이폴라 구동 방식의 2상 여자 방식

순서	Phase0	Phase1	Phase2	Phase3
단자A	High	Low	Low	High
단자B	High	High	Low	Low
단자$\bar{A}$	Low	High	High	Low
단자$\bar{B}$	Low	Low	High	High
전류 방향	$A \rightarrow \bar{A}$ $B \rightarrow \bar{B}$	$B \rightarrow \bar{B}$ $\bar{A} \rightarrow A$	$\bar{A} \rightarrow A$ $\bar{B} \rightarrow B$	$\bar{B} \rightarrow B$ $A \rightarrow \bar{A}$
회전자 방향	45도	135도	225도	315도
회전자 상태	그림 4.3.6(a)	그림 4.3.6(b)	그림 4.3.6(c)	그림 4.3.6(d)

4.3.2 하프 스텝(half step) 구동 방식

풀 스텝 구동 방식은 기구적인 스텝 각을 기본 각도로 스테핑 모터를 회전시키는 제어 방식이고, 여자되는 코일의 수에 따라 1상 여자 방식과 2상 여자 방식으로 구분되었다. 하프 스텝 구동 방식은 기구적인 스텝 각의 절반의 각도로 스테핑 모터를 구동하는 방식으로, 풀 스텝 구동 방식에서 1상 여자 방식과 2상 여자 방식을 사이사이에 섞어서 사용하는 방식이다. 유니폴라 구동과 바이폴라 구동에 있어서 두 방식을 설명하면 다음과 같다.

(1) 유니폴라 구동

유니폴라 구동에서 1상 여자 방식과 2상 여자 방식에서 코일 상태에 따른 회전자의 회전 방향을 나타낸 그림 4.3.2와 그림 4.3.3을 살펴보자. 1상 여자 방식에 해당하는 그림 4.3.2에서의 회전자 방향은 0도, 90도, 180도 등으로 나타나며, 2상 여자 방식에 해당하는 그림 4.3.3에서의 회전자 방향은 45도, 135도, 225도 등으로 나타난다. 만약 1상 여자 방식과 2상 여자 방식을 중간 중간에 섞으면 0도, 45도, 90도 등으로 45도 단위의 회전 각도를 구현할 수 있다. 그림 4.3.7의 (a)~(h)에는 그림 4.3.2와 그림 4.3.3을 중간 중간에 섞어 넣은 상태를 표현하였다.

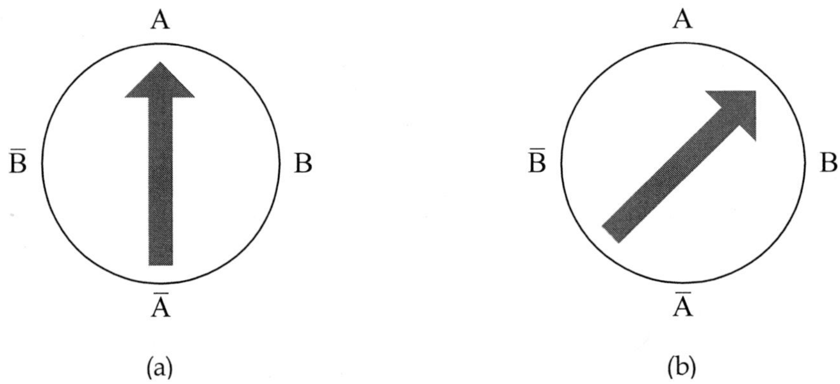

그림 4.3.7 유니폴라 하프 스텝 구동 시 회전자 방향 (계속)

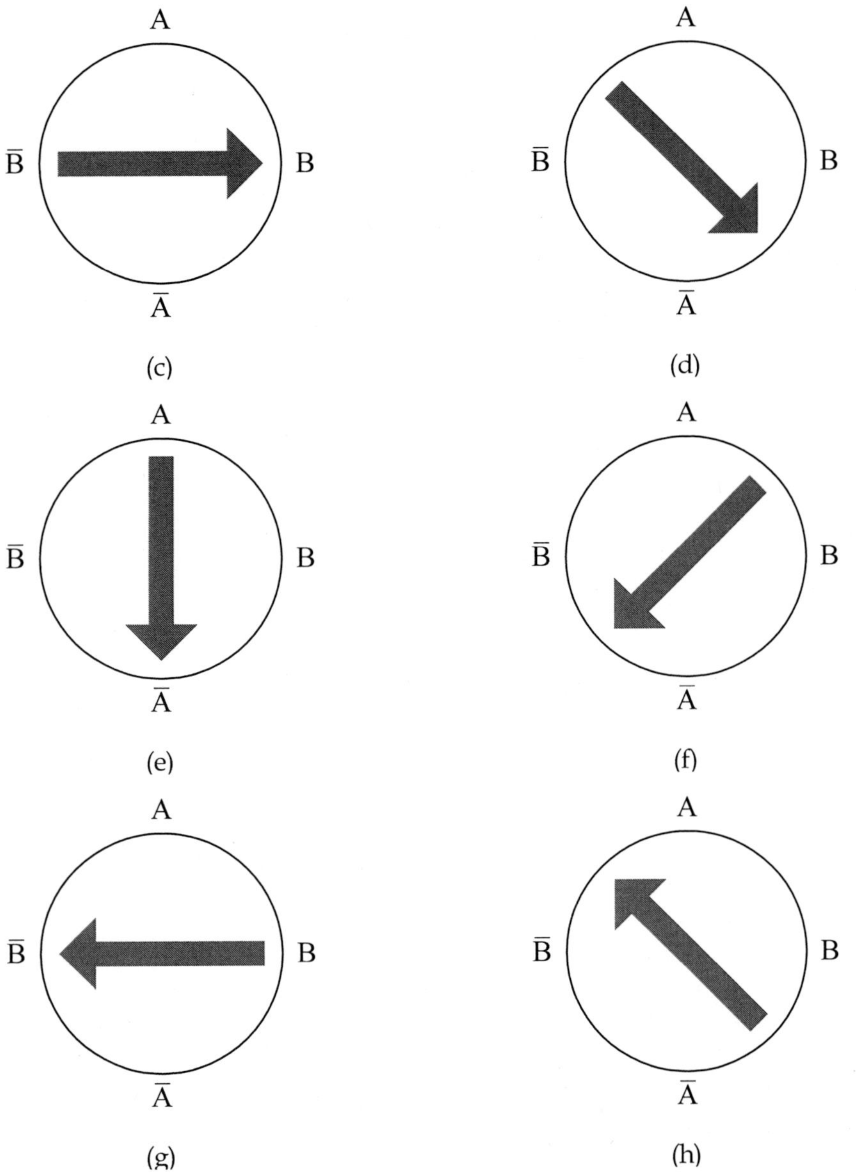

그림 4.3.7 유니폴라 하프 스텝 구동 시 회전자 방향

유니폴라 방식의 하프 스텝 구동을 위한 상 순서를 정리하면 표 4.3.5와 같다. 앞에서 설명한 표 4.3.1의 유니폴라 1상 여자 방식과 표 4.3.2에서 요약한 유니폴라 2상 여자 방식이 각각 짝수와 홀수 순서로 나열되어 있다.

표 4.3.5 유니폴라 하프 스텝 구동 방식

순서	Phase0	Phase1	Phase2	Phase3	Phase4	Phase5	Phase6	Phase7
코일A	ON	ON	off	off	off	off	off	ON
코일B	off	ON	ON	ON	off	off	off	off
코일$\overline{A}$	off	off	off	ON	ON	ON	off	off
코일$\overline{B}$	off	off	off	off	off	ON	ON	ON
전류 방향	COM→A	COM→A COM→B	COM→B	COM→B COM→$\overline{A}$	COM→$\overline{A}$	COM→$\overline{A}$ COM→$\overline{B}$	COM→$\overline{B}$	COM→$\overline{B}$ COM→A
회전자 방향	0도	45도	90도	135도	180도	225도	270도	315도
회전자 상태	그림4.3.7(a)	그림4.3.7(b)	그림4.3.7(c)	그림4.3.7(d)	그림4.3.7(e)	그림4.3.7(f)	그림4.3.7(g)	그림4.3.7(h)
비고	1상여자	2상여자	1상여자	2상여자	1상여자	2상여자	1상여자	2상여자

(2) 바이폴라 구동

바이폴라 구동에서의 하프 스텝 구동의 기본 개념도 유니폴라 방식에서와 마찬가지로 1상 여자 방식과 2상 여자 방식을 중간 중간에 섞어서 사용하는 방식이다. 그림 4.3.8에는 그림 4.3.5의 바이폴라 1상 여자 방식과 그림 4.3.6의 바이폴라 2상 여자 방식의 회전자 회전 방향을 섞어서 표현하였다.

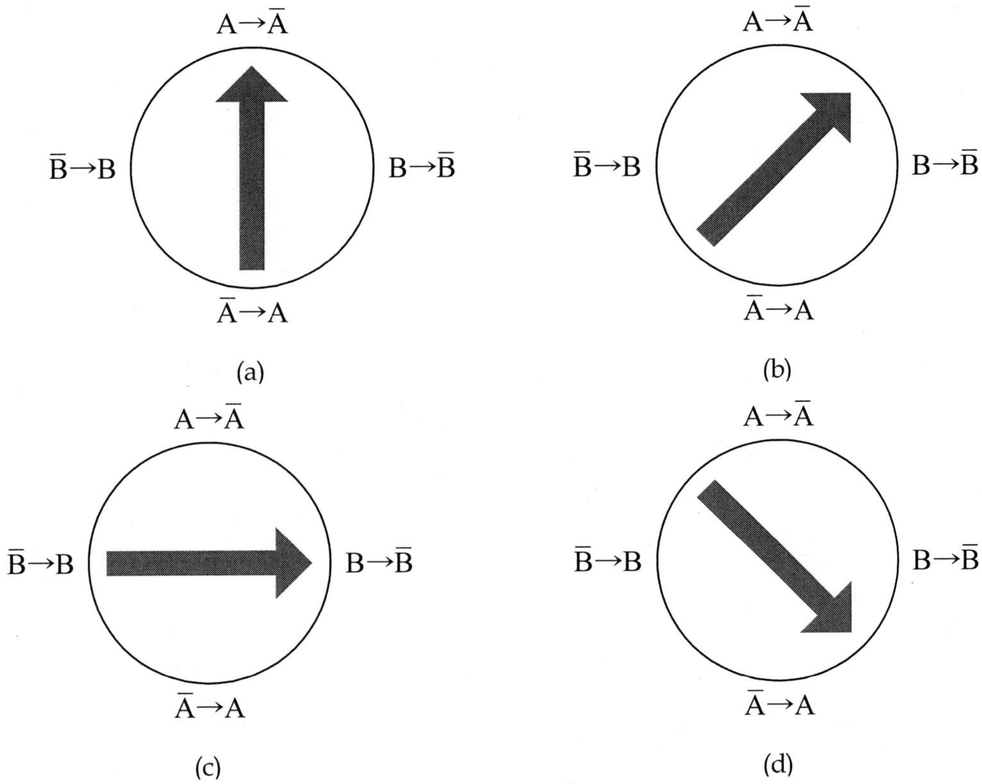

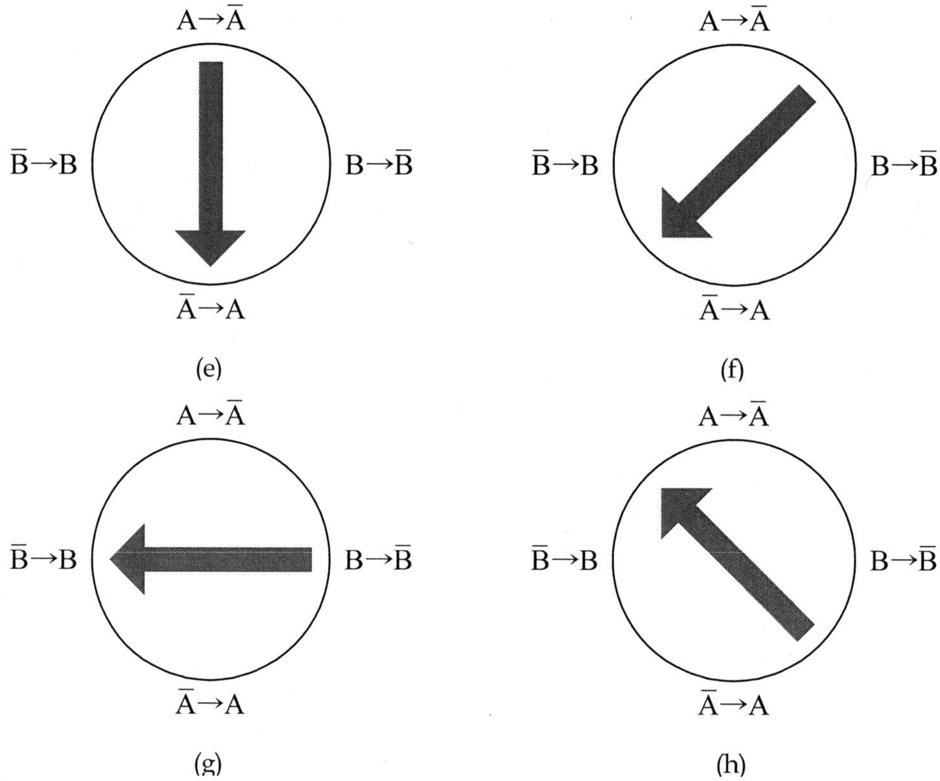

그림 4.3.8 바이폴라 하프 스텝 구동 시 회전자 방향

하프 스텝 구동을 위한 상 순서를 정리하면 표 4.3.7과 같다. 앞에서 설명한 표 4.3.3의 1상 여자 방식과 표 4.3.4에서 요약한 2상 여자 방식이 각각 짝수와 홀수 순서로 나열되어 있다.

표 4.3.6 바이폴라 하프 스텝 구동 방식

순서	Phase0	Phase1	Phase2	Phase3	Phase4	Phase5	Phase6	Phase7
단자A	High	High	off	Low	Low	Low	off	High
단자B	off	High	High	High	off	Low	Low	Low
단자$\bar{A}$	Low	Low	off	High	High	High	off	Low
단자$\bar{B}$	off	Low	Low	Low	off	High	High	High
전류 방향	A→$\bar{A}$	A→$\bar{A}$ B→$\bar{B}$	B→$\bar{B}$	$\bar{A}$→A B→$\bar{B}$	$\bar{A}$→A	$\bar{A}$→A $\bar{B}$→B	$\bar{B}$→B	A→$\bar{A}$ $\bar{B}$→B
회전자 방향	0도	45도	90도	135도	180도	225도	270도	315도
회전자 상태	그림4.3.8(a)	그림4.3.8(b)	그림4.3.8(c)	그림4.3.8(d)	그림4.3.8(e)	그림4.3.8(f)	그림4.3.8(g)	그림4.3.8(h)
비고	1상여자	2상여자	1상여자	2상여자	1상여자	2상여자	1상여자	2상여자

4.3.3 마이크로 스텝(micro step) 구동 방식

지금까지 스테핑 모터를 구동하는 대표적인 방식인 풀 스텝 구동과 하프 스텝 구동 방식에 대하여 설명하였다. 이 두 가지 구동 방식은 여자되는 코일의 수 및 여자 순서 등에서 차이는 있지만 기본적으로 코일에 전류를 흘리거나 흘리지 않는 디지털 개념의 구동 방식으로 스테핑 모터의 기본 스텝 각도 또는 그 절반의 각도로 스테핑 모터를 구동하는 방식이다. 여기에 아날로그적인 구동 알고리즘을 적용하면 주어진 스텝 각보다 작은 임의의 각도로도 스텝모터의 구동이 가능한데, 마이크로 스텝 구동이 이러한 구동 방식에 해당한다.

(1) 마이크로 스텝 구동의 필요성

스테핑 모터의 구동에 있어서 풀 스텝 또는 하프 스텝 구동 외에 보다 정밀한 구동 방식인 마이크로 스텝 구동에 대한 필요성은 다음과 같다.

❑ 스테핑 모터의 스텝 각도보다 작은 각도 분해능

스테핑 모터는 코일에 전류를 흘리거나 흘리지 않는 On/Off 방식으로 코일의 여자 순서를 조절하여 디지털 적으로 구동하는 것이 가장 기본적인 구동 방식이며, 이 경우에는 최소 회전 각도가 풀 스텝 구동에서는 스텝 각도이며, 하프 스텝 구동에서는 스텝 각도의 절반에 해당한다. 예를 들어 한 바퀴 회전하는데 200 스텝인 스테핑 모터가 가장 일반적인 스테핑 모터인데, 이 스테핑 모터의 경우 기구적인 스텝 각도는 1.8도 이다. 이 스테핑 모터를 풀 스텝으로 구동하는 경우 한 스텝당 1.8도를 회전하게 되며, 하프 스텝으로 구동하는 경우에는 스텝당 0.9도를 회전하게 된다. 감속기를 사용하지 않는 상황에서 0.9도 보다 작은 각도를 회전하는 것은 디지털 적인 풀 스텝과 하프 스텝 구동으로는 불가능하며, 아날로그 개념이 적용되는 마이크로 스텝 구동 방식을 사용하여야 한다.

❑ 풀 스텝 또는 하프 스텝 구동 방식의 응답 특성

스테핑 모터는 기구적으로 고정된 스텝 각도로 회전자를 회전시키는데, 각 스텝 각으로 구동할 때의 응답 특성은 제어 이론에서 다루는 2차 시스템의 스텝 입력에 대한 응답 특성과 동일한 응답 특성을 가진다.

그림 4.3.9에는 풀 스텝 또는 하프 스텝 구동에서 한 스텝만 이동하였을 때의 일반적인 응답 특성을 나타내었다. 이는 스테핑 모터를 저속으로 구동할 때, 상 전환 직후에 나타나는 현상으로 댐핑이 작아서 오버슛이 나타나며, 정상상태로 진입하기까지 일정 시간동안 진동이 나타나게 된다. 이러한 진동 성분은 스테핑 모터가 저속으로 회전할 때

쉽게 관찰할 수 있는데, 스테핑 모터를 사용하는 적용 분야에 따라 이러한 진동 성분을 억제하여야 하는 경우가 발생한다. 이 경우에 적용할 수 있는 방식이 마이크로 스텝 구동 방식이다.

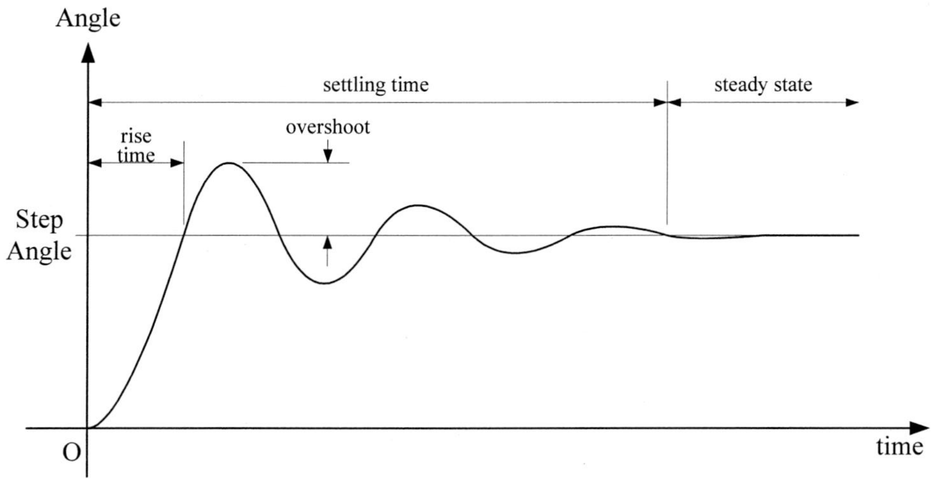

그림 4.3.9 스테핑 모터의 스텝 응답 특성

(2) 마이크로 스텝 구동 방식의 기본 개념

표 4.3.8에는 표 4.3.1에 나타내었던 유니폴라 스테핑 모터를 1상 여자 방식으로 구동하는 순서 중 Phase0과 Phase1에 대하여 코일의 전류 유무와 함께 흐르는 전류의 양을 정량적으로 나타내었다. 여기서 I_{max}는 코일에 인가할 최대 전류량을 의미한다.

표 4.3.8의 Phase0에서는 A 코일만 100% 여자되고, B 코일에는 전류를 인가하지 않는다. 회전자의 각도를 0도에서 90도로 회전시키기 위해서 A 코일의 전류는 끄고, B 코일만 100% 여자시키는 상태가 Phase1이다. 즉, Phase0에서 Phase1으로 상태를 변경하기 위해서 코일A의 전류는 한 번에 끄고, 이와 동시에 코일B의 전류는 한 번에 켜는 동작이 이루어져야 한다.

표 4.3.7 유니폴라 1상 여자 방식 구동 중 코일과 전류 관계

순서	Phase0		Phase1	
	코일 상태	코일 전류	코일 상태	코일 전류
코일A	ON	I_{max}	off	0
코일B	off	0	ON	I_{max}
코일$\overline{A}$	off	0	off	0
코일$\overline{B}$	off	0	off	0
회전자 방향	0도		90도	

표 4.3.8에서 Phase0와 Phase1 사이에 중간 상태를 추가하는 것이 마이크로 스텝 구동의 기본 개념이다. Phase0와 Phase1 사이에 3개의 중간 상태를 추가하여 코일 A의 전류는 25%씩 감소시키고 코일 B의 전류는 20%씩 증가시키면 Phase0에서 4번의 전류 상태가 변경되면 Phase1에 도달한다.

표 4.3.9에는 마이크로 스텝 구동의 개념을 풀 스텝 1상 여자 방식 구동에서 확장된 개념으로 설명하였다.

표 4.3.8 마이크로 스텝 구동의 개념(4 마이크로 스텝 예시)

순서	Phase0	Phase0.1	Phase0.2	Phase0.3	Phase1
코일A	I_{max}	$0.75I_{max}$	$0.5I_{max}$	$0.25I_{max}$	0
코일B	0	$0.25I_{max}$	$0.5I_{max}$	$0.75I_{max}$	I_{max}
코일$\overline{A}$	0	0	0	0	0
코일$\overline{B}$	0	0	0	0	0
회전자 방향	0도	22.5도	45도	67.5도	90도

표 4.3.9에서 보듯이 Phase0에서 Phase1로 변환할 때, A 코일의 전류를 100%에서 0%로 한 번에 줄이지 않고, 25%씩 점진적으로 줄여서 0%로 서서히 줄인다. 반대로 B 코일은 Phase0의 0%에서 25%씩 서서히 증가시켜 Phase1에서는 100%로 만든다. 즉,

Phase0과 Phase1 사이에 Phase0.1, Phase0.2 그리고 Phase0.3을 두어 한번에 90도를 회전하지 않고, 90도를 4등분하여 이동하도록 한다. 이렇게 할 경우 스텝 모터 자체의 스텝 각도보다 작은 각도로 회전이 가능하며, 오버슛이 있더라도 작은 각도를 회전하였으므로 진동의 크기가 줄어드는 효과를 얻을 수 있다. 또한, Phase0과 Phase1 사이의 중간 상태를 N개 사용하면 단위 스텝 각도를 N개로 나누어 회전할 수 있다.

(3) 마이크로 스텝 구동을 위한 코일 전류의 정량적 연산

표 4.3.8에서는 마이크로 스텝 구동의 개념 설명을 위하여 두 코일에 흐르는 전류를 선형적으로(25%씩 증가 또는 감소) 조절하였다. 하지만 코일에 흐르는 전류를 선형적으로 제어하는 경우 각도 분해능이 일정하게 나뉘지 않는다. 마이크로 스텝 구동에서는 스텝 각도를 N개의 동일한 마이크로 스텝 각도로 분할하기위하여 그림 4.3.10과 같이 x-y 좌표 평면에서 원주 위에 동일한 각도로 배치된 점의 좌표 값을 두 코일의 전류량으로 사용한다. 좌표 평면에서 원주 상의 x, y 좌표는 (4.3.1)과 (4.3.2)처럼 사인 / 코사인 관계로 나타난다. 여기서 N은 마이크로 스텝 수를 의미한다.

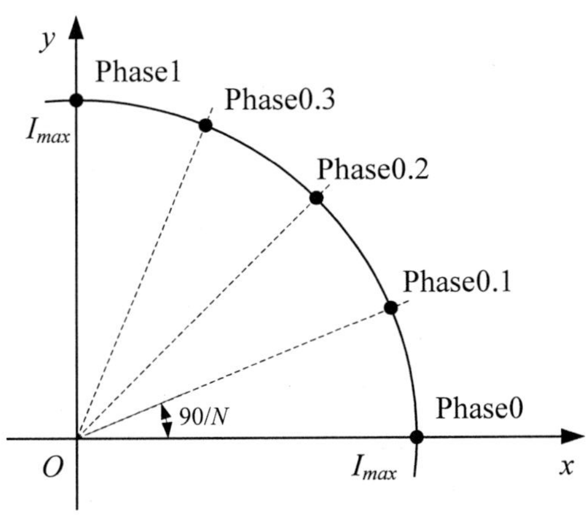

그림 4.3.10 마이크로 스텝 구동 전류량

$$x = I_{\max}\cos(2\pi\frac{k}{N}),\ k = 0,1,\cdots,N-1 \tag{4.3.1}$$

$$y = I_{\max}\sin(2\pi\frac{k}{N}),\ k = 0,1,\cdots,N-1 \tag{4.3.2}$$

(4) 유니폴라 스테핑 모터의 마이크로 스텝 구동

표 4.3.10에는 유니폴라 구동에서 마이크로 스텝 구동과 관련된 전류량을 나타내었다. I_{max}는 코일에 흐르는 최대 전류를 의미하며, N은 마이크로 스텝 수를 나타낸다.

표 4.3.9 유니폴라 스테핑 모터의 마이크로 스텝 구동을 위한 전류량

순서	Phase0	Phase0.k	Phase1	Phase1.k	Phase2	Phase2.k	Phase3	Phase3.k
코일A	I_{max}	$I_{A1}(k)$	0	0	0	0	0	$I_{A2}(k)$
코일B	0	$I_{B2}(k)$	I_{max}	$I_{B1}(k)$	0	0	0	0
코일$\overline{A}$	0	0	0	$I_{C2}(k)$	I_{max}	$I_{C1}(k)$	0	0
코일$\overline{B}$	0	0	0	0	0	$I_{D2}(k)$	I_{max}	$I_{D1}(k)$

표 4.3.10에서 사용된 각 상에서의 k번째 마이크로 스텝에 해당하는 코일의 전류는 다음과 같다.

$$I_{A1}(k)=I_{B1}(k)=I_{C1}(k)=I_{D1}(k)=I_{max}\cos(2\pi\frac{k}{N}),\ k=0,1,\cdots,N-1 \tag{4.3.3}$$

$$I_{A2}(k)=I_{B2}(k)=I_{C2}(k)=I_{D2}(k)=I_{max}\sin(2\pi\frac{k}{N}),\ k=0,1,\cdots,N-1 \tag{4.3.4}$$

(5) 바이폴라 구동

표 4.3.11에는 바이폴라 구동에서 마이크로 스텝 구동과 관련된 전류량을 나타내었다. I_{max}는 코일에 흐르는 최대 전류를 의미하며, N은 마이크로 스텝 수를 나타낸다.

표 4.3.10 바이폴라 스테핑 모터의 마이크로 스텝 구동을 위한 전류량

순서	Phase0	Phase0.k	Phase1	Phase1.k	Phase2	Phase2.k	Phase3	Phase3.k
코일A	I_{max}	$I_{A1}(k)$	0	$I_{A4}(k)$	$-I_{max}$	$I_{A3}(k)$	0	$I_{A2}(k)$
코일B	0	$I_{B2}(k)$	I_{max}	$I_{B1}(k)$	0	$I_{B4}(k)$	$-I_{max}$	$I_{B3}(k)$

표 4.3.11에서 사용된 각 상에서의 k번째 마이크로 스텝에 해당하는 코일의 전류는 다음과 같다.

$$I_{A1}(k) = I_{B1}(k) = I_{\max}\cos(2\pi \frac{k}{N}) \quad (4.3.5)$$

$$I_{A2}(k) = I_{B2}(k) = I_{\max}\sin(2\pi \frac{k}{N}) \quad (4.3.6)$$

$$I_{A3}(k) = I_{B3}(k) = -I_{\max}\cos(2\pi \frac{k}{N}) \quad (4.3.7)$$

$$I_{A4}(k) = I_{B4}(k) = -I_{\max}\sin(2\pi \frac{k}{N}) \quad (4.3.8)$$

4.3.4 전류 구동 드라이버 회로

지금까지는 스테핑 모터 각 코일의 여자 순서를 제어하여 스테핑 모터를 회전시키는 구동 방식에 대하여 설명하였다. 본 절에서는 스테핑 모터의 각 코일에 흐르는 전류를 제어하는 드라이버 회로에 대하여 설명한다. 스테핑 모터를 풀 스텝 또는 하프 스텝으로 구동하는 경우는 스테핑 모터의 코일에 흐르는 전류를 디지털 방식으로 On/Off 제어하므로 트랜지스터 등의 스위치를 On/Off 하여 제어한다. 반면, 마이크로 스텝 구동에서는 코일에 흐르는 전류를 아날로그 방식으로 제어하므로 보다 복잡한 구동 회로가 필요하다.

(1) 유니폴라 구동

그림 4.3.11에는 유니폴라 스테핑 모터의 구동 회로를 나타내었다. 4개의 코일로 코일 결선을 모델링할 수 있으며, 각 코일의 한쪽은 모터 구동 전압인 Vcc에 연결하여 사용한다. 결국, 각 코일을 여자시키기 위해서는 그림 4.3.11과 같이 각 코일에 스위치를 직렬로 연결하고, 각 스위치를 On/Off 제어하여 코일의 전류를 제어한다. 이 경우 코일에 흐르는 전류는 한쪽 방향으로만 흐를 수 있다.

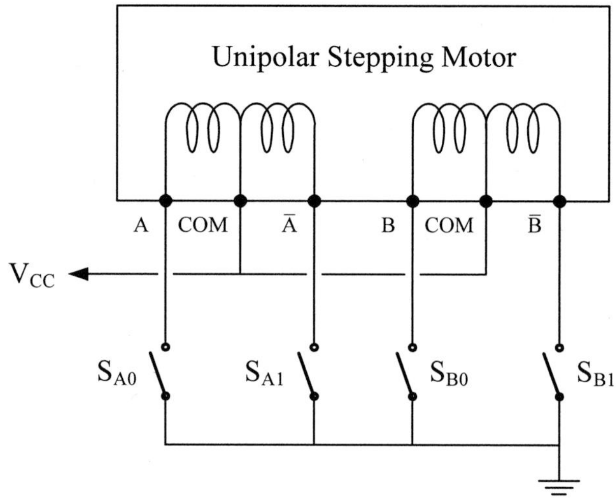

그림 4.3.11 유니폴라 스테핑 모터 드라이버의 개념

그림 4.3.12에는 이러한 전류 제어를 위한 실제 회로로 트랜지스터를 사용한 회로를 나타내었다. 각 트랜지스터의 베이스 전압을 디지털 High 상태로 하면 트랜지스터가 On 되어 해당 코일에 전류가 흐르게 된다. 반대로 트랜지스터 베이스 전압을 디지털 Low 상태로 하면 트랜지스터는 Off 되어 전류가 차단된다.

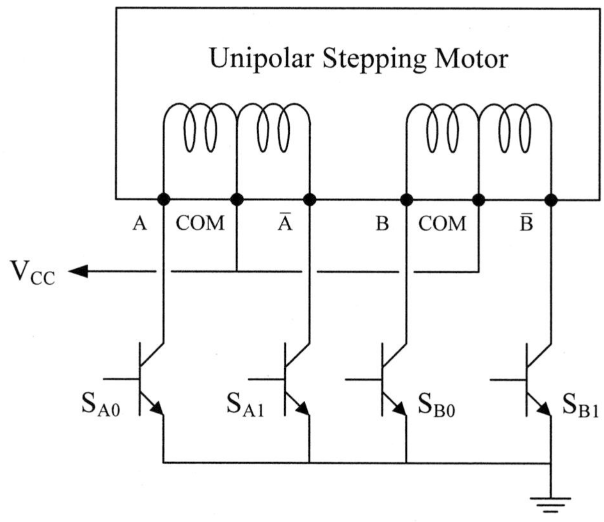

그림 4.3.12 트랜지스터를 이용한 유니폴라 스테핑 모터 드라이버

❑ 트랜지스터 보호용 다이오드

그림 4.3.12에서 트랜지스터가 Off에서 On으로 변경되면 코일의 전류가 흐르기 시작한다. 반대로 트랜지스터가 On에서 Off로 변경될 때에는 전류가 흐르다가 멈추어야 한다. 그런데 스테핑 모터 코일에 흐르는 전류는 코일의 인덕턴스 성분으로 인하여 순간적으로 멈출 수 없으므로 트랜지스터가 Off된 후에도 짧은 시간이지만 전류가 흐르려 한다. 이때 트랜지스터의 컬렉터에서 에미터 방향으로 강제로 전류가 흐르게 되는데, 이러한 전류는 트랜지스터를 파괴할 정도로 강력하다. 이러한 전류로부터 트랜지스터를 보호하기위하여 그림 4.3.13과 같이 다이오드를 연결하여 트랜지스터가 Off된 후에도 코일을 따라 흐르려는 전류를 통과시키는 경로를 추가하여 트랜지스터를 보호하여야 하는데, 이런 다이오드를 free wheeling diode라고 한다. 트랜지스터 등의 반도체 소자를 스위치로 활용하여 인덕턴스 성분이 있는 부하에 흐르는 전류의 On/Off를 제어하는 경우 이런 용도의 보호용 다이오드를 반드시 사용하여야 한다.

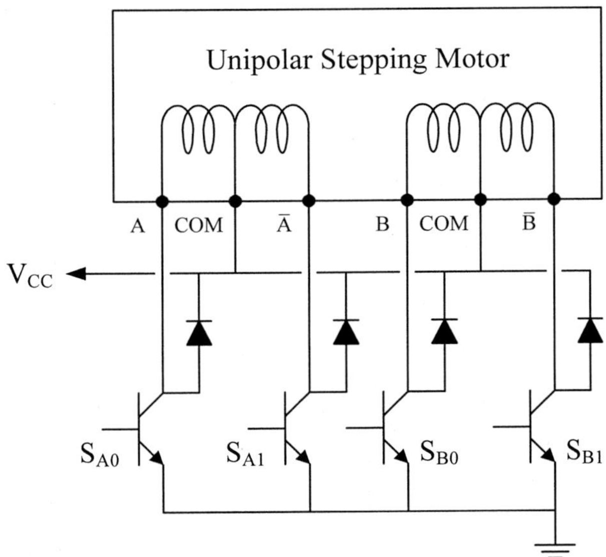

그림 4.3.13 트랜지스터 보호용 다이오우드

❑ 유니폴라 스테핑 모터 드라이버 IC 예시

그림 4.3.14에는 유니폴라 스테핑 모터 구동용 상용 스테핑 모터 드라이버 IC로 Allegro Microsystems사의 SLA7024를 예시하였다.

(a)

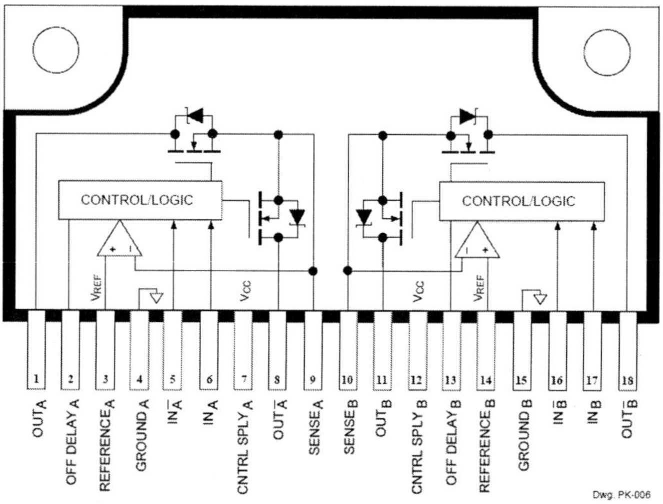

(b)

그림 4.3.14 유니폴라 스테핑 모터 전류 구동 드라이버 IC SLA7024

그림 4.3.15에는 SLA7024의 내부 구조 및 레퍼런스 회로를 나타내었다. SLA7024 하나로 유니폴라 스테핑 모터 한 개의 구동이 가능하며, 그림 4.3.15에는 B 코일과 관련된 회로 결선을 나타내었다.

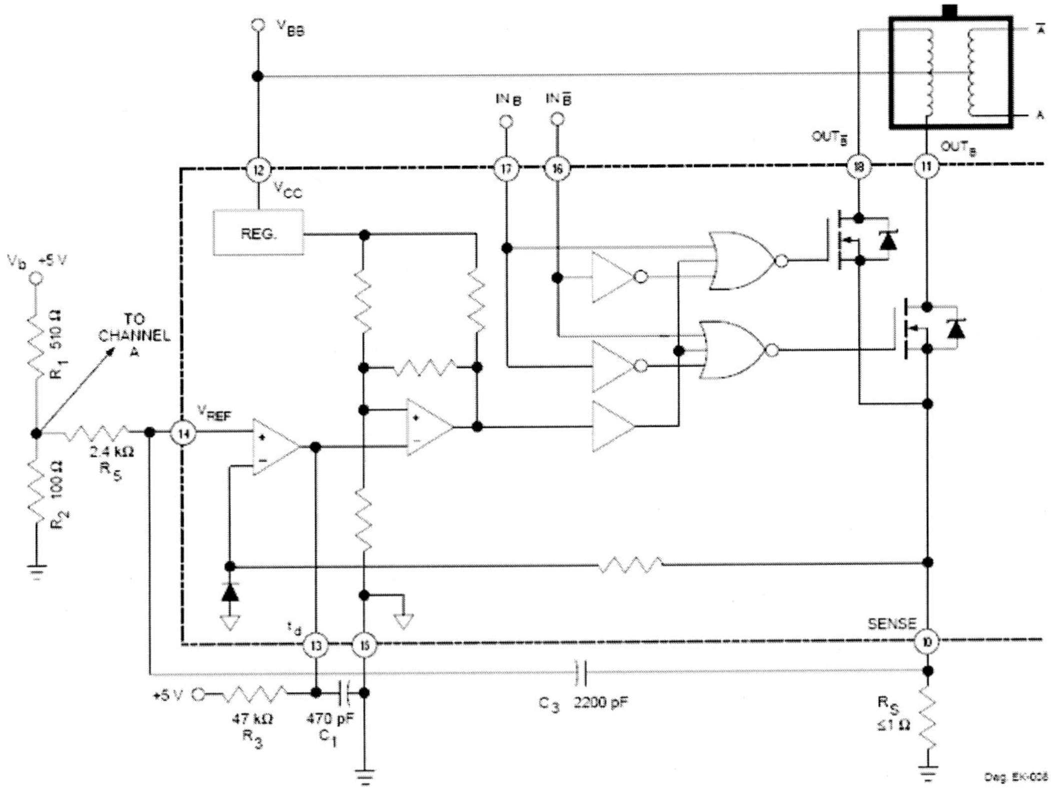

그림 4.3.15 SLA7024의 내부 구조 및 회로 구성

SLA7024의 내부에는 전류 스위칭 용으로 n-MOSFET을 각 코일에 사용하였으며, 게이트 전압을 제어하여 코일의 전류를 On/Off한다. SLA7024는 대표적인 유니폴라 스테핑 모터 구동용 드라이버 IC로 전류 스위칭 외에도 코일에 흐를 수 있는 최대 전류를 제한하는 기능이 제공되어 사용이 편리하다.

(2) 바이폴라 구동

그림 4.3.16 (a)에는 바이폴라 스테핑 모터의 구동을 위한 H-bridge 구동 회로를 나타내었으며, 이것은 바이폴라 스테핑 모터의 코일 1개 구동에 해당한다. 이 회로에 유니폴라 구동 회로에서 살펴본 free wheeling 다이오드를 추가하면 그림 4.3.16 (b)의 회로가 된다. 이 회로는 DC 모터의 PWM 구동용 H-bridge와 동일하다.

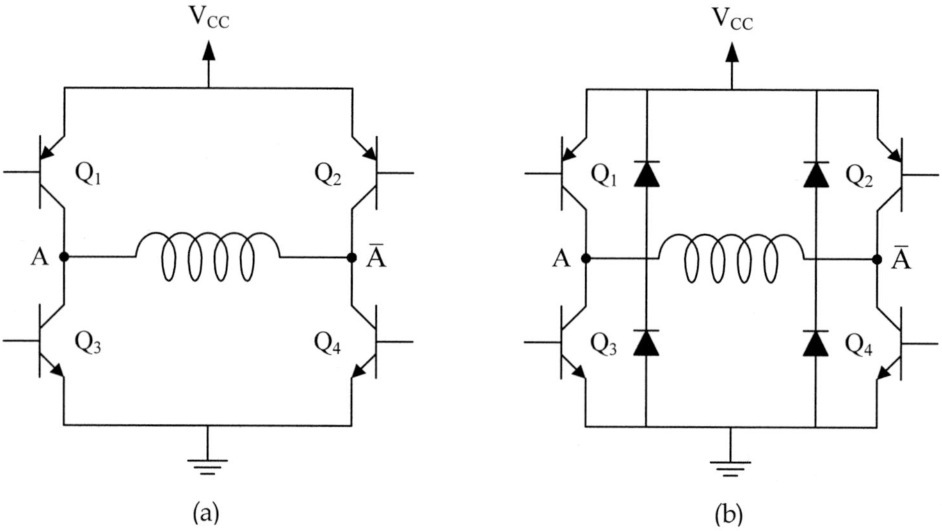

그림 4.3.16 Bipoar 구동 드라이버의 구조

❑ 바이폴라 스테핑 모터 드라이버 IC 예시

그림 4.3.17에는 바이폴라 구동용 H-bridge로 STMicroelectronics사의 L298을 예시하였으며, 그림 4.3.18에는 L298을 이용한 구동 회로를 나타내었다. L298 내부에는 그림 3.4.17에 포함된 free wheeling diode가 없는 관계로 외부에 8개의 다이오드를 사용자가 추가하여야 한다.

(a)

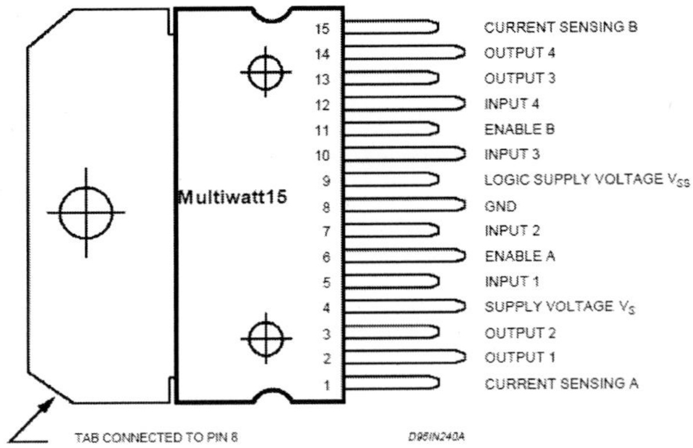

(b)

그림 4.3.17 바이폴라 스테핑 모터 전류 구동 H-bridge IC L298

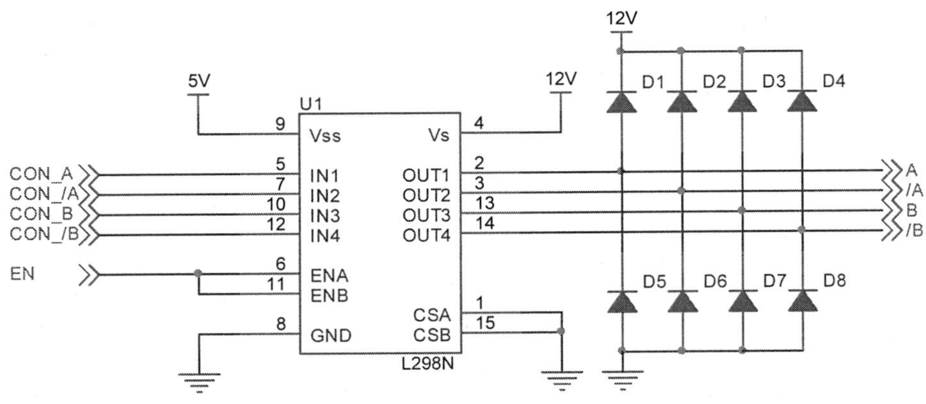

그림 4.3.18 L298을 사용한 스테핑 모터 구동 회로 예시

4.4 스테핑 모터 위치 및 속도 제어

스테핑 모터는 기본적으로 오픈루프 제어 방식을 사용하며, 별도의 위치 센서가 없어도 스테핑 모터의 스텝 각도의 범위 내에서 정밀도를 보장한다. DC 모터에서와 같은 정지마찰력으로 인한 오차가 거의 무시할 수 있는 수준이고, 제어 시스템의 구성이 단순하다. 본 절에서는 스테핑 모터를 활용한 제어 방법에 대하여 설명한다.

4.4.1 위치 제어

스테핑 모터를 구동하는 방법은 앞 절에서 설명한대로 대상 스테핑 모터의 종류에 따라(유니폴라 또는 바이폴라 스테핑 모터) 코일에 흐르는 전류의 상태를 제어하는 것이다.

표 4.3.1에는 스텝 각도 90도인 스테핑 모터에서 유니폴라 구동 방식에서 1상 여자 방식의 상변환 테이블을 참조하면 Phase0 → Phase1 → Phase2 → Phase3 → Phase1 까지 4번의 상변환을 거치고 나면 360도를 회전하는 것을 알 수 있다. 회전 각도와 스테핑 모터 고유 특성인 스텝 각도, 그리고 상전환 횟수의 관계를 풀 스텝과 하프 스텝에 대하여 요약하면 다음과 같다. 여기서 S는 회전 각도, $\Delta\theta$는 스텝 각도 그리고 k는 상전환 횟수이다. 다만, 아래의 관계는 상전환 사이에 충분한 시간적 여유를 두고 천천히 구동하였다는 가정 하에서 성립한다.

- 풀 스텝 구동 방식

$$S = \Delta\theta \times k \tag{4.4.1}$$

- 하프 스텝 구동 방식

$$S = \frac{\Delta\theta}{2} \times k \tag{4.4.2}$$

- N 마이크로 스텝 구동 방식

$$S = \frac{\Delta\theta}{N} \times k \tag{4.4.3}$$

가장 널리 사용되는 스테핑 모터로 스텝 각도 1.8도의 유니폴라 스테핑 모터를 풀 스텝 1상 여자방식으로 구동한다고 가정하면 200번의 상전환은 360도 회전을 의미한다. 따라서, 대상 스테핑 모터의 스텝 각도가 주어졌을 때, 회전하려는 각도에 따라 상전환 횟수를 연산할 수 있다.

4.4.2 속도 제어

앞에서 살펴본 스테핑 모터의 위치 뿐만 아니라 모든 모션 제어 시스템에서는 모터를 얼마나 빨리 회전시키는가도 중요한 제어 대상이다. 기본적으로 스테핑 모터에서는 상전환 횟수에 의하여 회전 각도가 결정되며, 상전환 사이의 시간을 조절하여 스테핑 모터의 회전 속도를 제어할 수 있다. 여기서 상전환 시간은 한 개의 상을 유지하는 시간을 의미하며, 이웃한 상전환 시점의 시간 차이로 볼 수 있다. 즉, 앞 절에서 예를 들었듯이 1.8도의 스텝 각도를 가지는 스테핑 모터에서 200번의 상전환은 360도 회전을 의미하는데, 상전환을 5 msec 간격으로 200번 시행한 경우는 1회전을 1초동안 수행하고, 10 msec 간격으로 200번 시행한 경우는 1회전을 2초동안 수행한 것이므로 속도는 5 msec 간격으로 입력한 경우에 더 빠르다. 스테핑 모터의 속도는 고정된 스텝 각도를 회전하는 시간에 의하여 결정되므로 회전 속도 v, 스텝 각도 $\Delta\theta$ 그리고 상전환 시간 Δt의 관계는 다음과 같다.

- 풀 스텝 구동 방식

$$v = \frac{\Delta\theta}{\Delta t} \tag{4.4.4}$$

- 하프 스텝 구동 방식

$$v = \frac{\Delta\theta}{2 \times \Delta t} \tag{4.4.5}$$

- 하프 스텝 구동 방식

$$v = \frac{\Delta\theta}{N \times \Delta t} \tag{4.4.6}$$

앞에서 예를 든 두 경우를 비교하면 스텝 각도 1.8도의 스텝모터에 상지연 시간 5 msec를 적용하면 360 deg/sec의 회전 속도가 나타나며, 10 msec를 적용하면 180 deg/sec의 속도를 가진다. 결국, 스테핑 모터를 빠르게 회전시키기 위해서는 상지연 시간을 줄여야 하며, 목적하는 회전 속도를 위한 상지연 시간을 (4.4.4)에서 (4.4.6)의 수식으로부터 얻을 수 있다.

❑ 스테핑 모터의 탈조

지금까지의 설명에 의하면 스테핑 모터를 고속으로 회전하기 위해서는 상전환 시간을 목적하는 시간에 맞추어 줄이면 된다. 하지만 스테핑 모터의 상전환 시간을 급격하게 줄이거나 과도하게 줄이는 경우 스테핑 모터 탈조의 원인이 된다. 스테핑 모터의 탈조는 입력 상전환과 회전자 상태의 불일치에 그 원인이 있으며, 탈조가 발생하는 경우 스테핑 모터는 회전하지 않고 진동만하게 된다. 그림 4.4.1에는 과도하게 짧은 상전환 시간을 설정한 결과 회전자가 상전환에 따라가지 못하고 스테핑 모터의 탈조가 발생한 상황을 나타내었다.

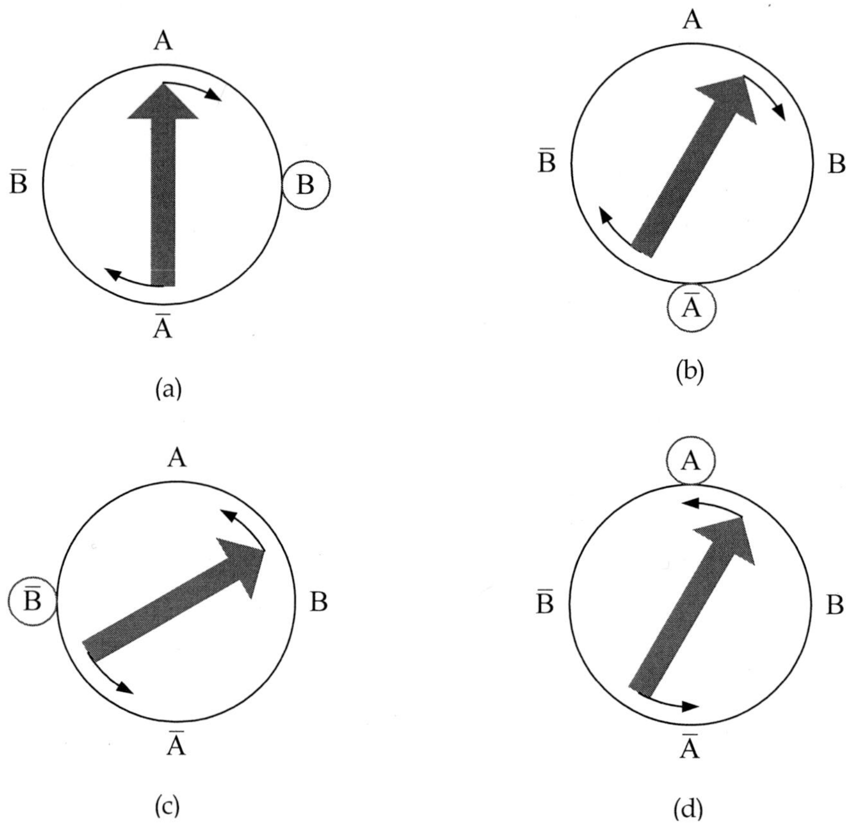

그림 4.4.1 바이폴라 하프 스텝 구동 시 회전자 방향

그림 4.3.1 (a)에서 현재 회전자의 방향은 0도를 향한 상태에서 코일 B가 여자되면 회전자에는 시계 방향으로 회전하려는 토크가 발생한다. 그림 4.3.1 (b)에서는 회전자가 30도 정도 회전한 상황에서 코일 A가 여자되어 여전히 시계방향으로의 회전력이 발생하고 있다. 하지만, 그림 4.3.1 (c)에서는 회전자가 60도 근처로 이동한 상황에서 코일 B가 여자되어 회전력이 반시계 방향으로 발생한다. 그림 4.3.1 (d)에서도 반시계 방향으로의 회전력이 발생하여 회전자가 시계 방향으로 회전하지 못하고 다시 0도 지점으로 돌아오려

고 한다. 이러한 작용에 의하여 탈조가 발생하면 회전자가 회전하지 못하고 제자리에서 진동하는 증상으로 나타난다.

4.4.3 가감속 제어

스테핑 모터의 제어에서는 탈조가 발생하지 않으면서 가능한 빠르고 정확하게 스테핑 모터의 회전을 제어하여야 한다. 탈조의 원인은 회전자의 상태보다 너무 빠르게 상전환을 하는 경우에 발생한다. 이러한 탈조를 피하는 방법으로 스테핑 모터의 회전 속도를 서서히 증가/감소시키는 가감속 제어를 하여야 한다.

(1) 사다리꼴 속도 프로파일

스테핑 모터의 제어에서 가장 널리 활용되는 가감속 제어는 그림 4.4.2에 나타낸 사다리꼴 모양의 속도 궤적을 적용하는 것이다. 이는 DC 모터의 제어의 위치 트래킹 제어에서도 사용했던 속도 궤적이다. 사다리꼴 속도 궤적은 일정한 가속도로 속도가 증가하는 가속구간, 일정한 속도로 이동하는 등속구간, 그리고 가속구간과 반대로 일정한 감속도로 속도가 감소하는 감속구간으로 구분된다. 이 속도 궤적에서 사용자가 미리 결정하여야 하는 값은 가속 구간에서 적용되는 가속도, 그리고 등속 구간의 속도이다. 이러한 속도 궤적에 따라 회전한 결과 회전 각도는 속도 궤적을 시간에 따라 적분한 형태를 가진다.

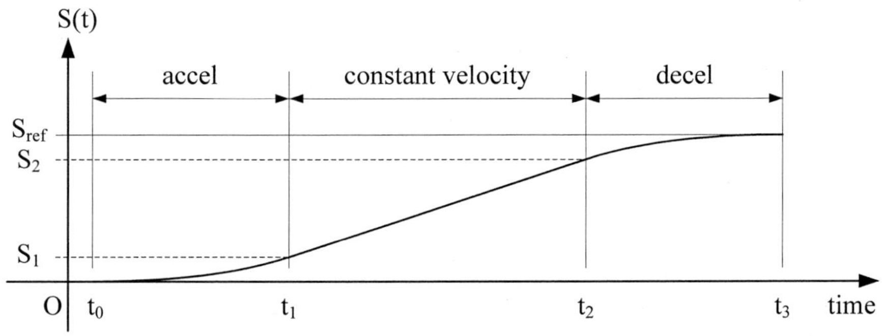

(a)

그림 4.4.2 사다리꼴 속도 궤적에서 위치, 속도, 가속도의 관계 (계속)

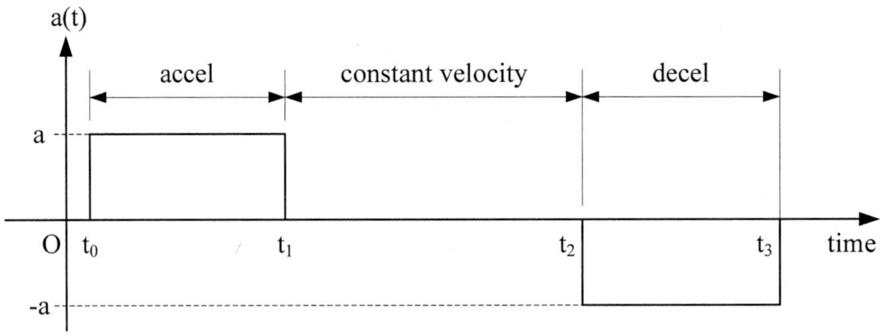

(c)

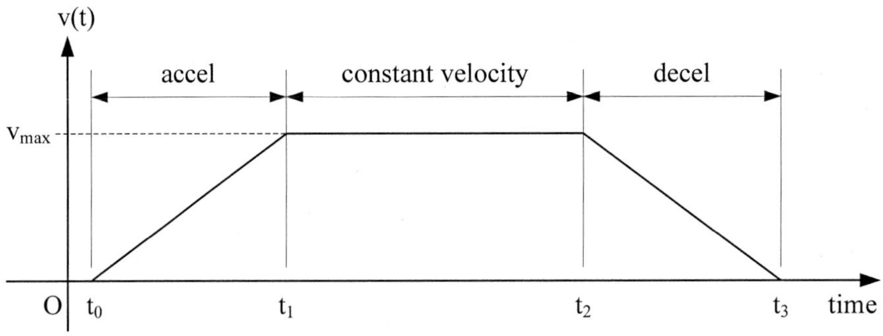

(b)

그림 4.4.2 사다리꼴 속도 궤적에서 위치, 속도, 가속도의 관계

이러한 속도 궤적의 적용은 DC 모터의 제어에서도 동일하게 적용될 수 있다. 다만, DC 모터에서는 속도 궤적 또는 위치 궤적을 추종하도록 피드백 제어기를 구성하고 모터에 인가되는 전압을 제어하는 반면 스테핑 모터에서는 상전환 시간을 가속, 등속, 감속 구간에서 다르게 변화시켜서 목적하는 속도 궤적을 추종하도록 한다. 결국, 스테핑 모터에서 가감속 제어를 위해서는 시간에 대한 속도 궤적 그래프를 직접 사용하지 않고 회전 각도에 대한 상전환 시간으로 변환하여 제어를 수행한다.

❑ 가속 구간(감속 구간)

등가속 운동하는 물체의 속도를 v, 초기 속도를 $v-0$, 가속도를 a, 이동한 거리를 S 라고 할 때, 다음의 관계가 성립한다.

$$v^2 - v_0^2 = 2aS \tag{4.4.7}$$

사다리꼴 속도 궤적을 적용하는 경우 가속구간은 정지상태에서부터 출발하므로 초기 속도 $v_0 = 0$ 이므로 다음과 같이 정리된다.

$$v^2 = 2aS \tag{4.4.8}$$

스테핑 모터의 경우 고정된 스텝 각도를 이동하는 상정환 시간에 따라 속도가 결정되므로 4.4.2절에서 살펴보았듯이 속도는 다음과 같이 표현된다.

$$v = \frac{\Delta\theta}{\Delta t} \tag{4.4.9}$$

또한, 이동한 거리 S는 고정된 스텝 각도를 몇 번 상전환 하였는지에 따라 결정되므로 4.4.1절에서 살펴본 것과 같이 다음의 식으로 표현된다.

$$S = \Delta\theta \times k \tag{4.4.10}$$

여기서 k는 현재까지의 상전환 횟수를 의미한다.

이 3 수식을 합치면 다음과 같은 수식이 얻어진다.

$$\left(\frac{\Delta\theta}{\Delta t}\right)^2 = 2a \times \Delta\theta \times k \tag{4.4.11}$$

과 같다. 우리가 구할 관계는 k번째 상전환 후 다음 상전환 까지의 지연 시간을 구하는 것이므로 위 식을 정리하면 다음과 같다.

$$\Delta t(k) = \sqrt{\frac{\Delta\theta}{2ak}} \tag{4.4.12}$$

이 관계를 그래프로 나타내면 그림 4.4.3과 같다. 그림 4.4.3의 그래프는 1.8도의 스텝 각, 80 deg/s2의 가속도를 적용한 예시이다. 가속 구간의 초반에는 상지연 시간이 급속히 감소하지만, 그 후에는 매우 천천히 감소하는 특성이 있다. 이러한 속도 궤적의 적용을 위해서는 그림 4.4.3에 해당하는 (4.4.12)를 매 스텝마다 연산할 수도 있지만 시스템 초기화 과정에서 lookup 테이블로 미리 작성하면 매우 편리하다. 아울러 감속 구간에서는 가속 구간과 가속도 극성만 반대이고 모두 동일하므로 가속구간을 위하여 작성한 테이블을 그대로 사용할 수 있다.

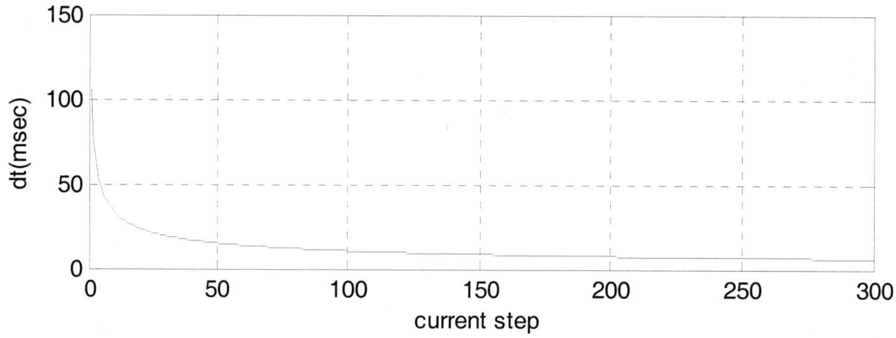

그림 4.4.3 가속 구간에서 위치와 상지연 시간의 관계

❑ 등속 구간

등속 구간에서는 4.4.2절에서 정리한 방식에 따라 상전환을 수행한다.

$$v = \frac{\Delta\theta}{\Delta t} \qquad (4.4.13)$$

위 수식을 상지연 시간에 대하여 정리하면 다음과 같다.

$$\Delta t = \frac{\Delta\theta}{v} \qquad (4.4.14)$$

❑ 짧은 거리 이동의 예외 상황

사다리꼴 형태의 속도 궤적을 적용하는 경우 회전할 각도가 작은 경우에 등속구간이 없이 가속과 감속 구간으로만 구성될 수 있다. 이는 최고 속도에 이르기 전에 이동할 거리의 절반 이상을 이동하는 경우에 해당한다. 이런 상황에서는 최고속도에 이르기 전에 가속에서 감속으로 곧바로 전환되게 된다. 그림 4.4.4에는 가속구간에서 감속구간으로 바로 전환되는 경우의 속도 궤적을 표시하였다.

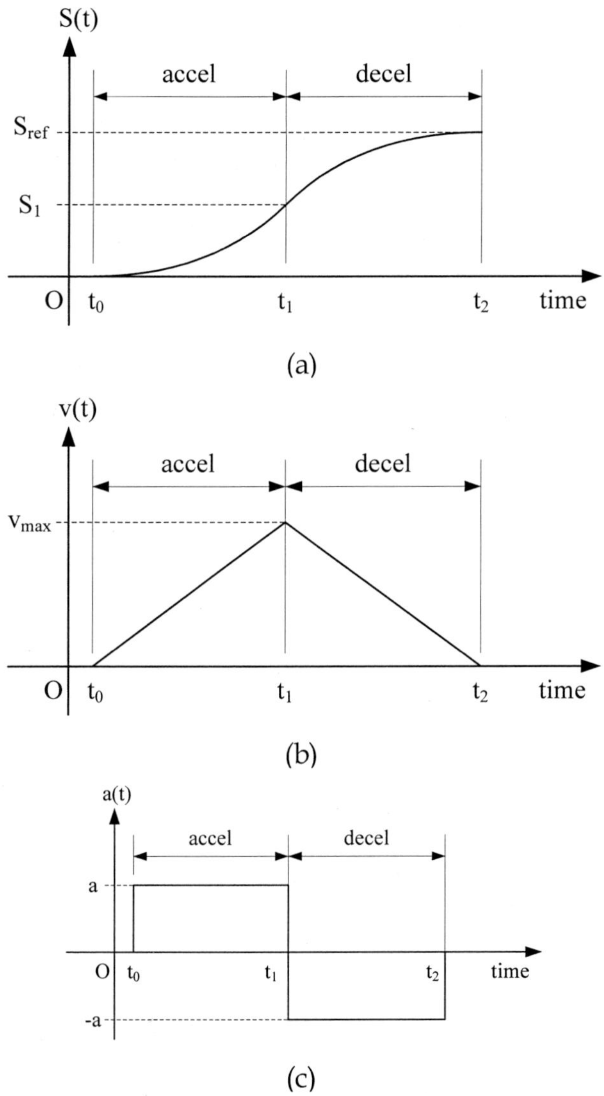

그림 4.4.4 이동 거리가 짧은 경우의 삼각형 속도 궤적

(2) 사다리꼴 속도 프로파일의 튜닝

지금까지 설명한 사다리꼴 속도 궤적을 적용하기 위해서는 가속구간에 적용할 가속도 그리고 등속 구간에 적용할 최고 속도를 설정하여야 하며, 이 두 개의 값은 스테핑 모터 제어의 튜닝 파라미터로 활용된다. 고속 제어를 희망할 경우 가속도와 최고 속도를 높게 설정할 수록 이동 시간이 줄어든다. 하지만 아무리 사다리꼴 속도 궤적을 적용한다고 하더라도 스테핑 모터는 허용 가능한 최소 상전환 시간이 있다. 이러한 최소 상전환 시간이 최고 회전 속도를 제한하는 요소로 작용한다. 또한 탈조를 피할 수 있는 최대 가속도도 존재하는데, 극단적으로 무한대의 가속도를 적용하면 탈조가 나는 극단적인 상황을 고려하였을 때 발생 가능하다. 따라서 빠른 회전을 위하여 가속도 및 최고 속도를 높이는 것이 필요하더라도 무한정 올릴 수 없으므로 이 두 값을 적절히 튜닝 하여야 한다.

스테핑 모터의 사양서에는 스테핑 모터의 최대 허용 토크와 단위시간당 최대 허용 상전환 횟수가 명시된다. 문제는 스테핑 모터의 회전축에 이송할 질량물이 연결되고 마찰력이 존재하는 등 부하가 걸리게 되면 이러한 부하도 이론적으로 반영하여 가속도와 최고 속도를 설정하여야 이를 이론적으로 구하는 것은 쉽지 않다. 따라서 실험적인 방법을 사용하여 이 값을 찾도록 한다. 튜닝하는 절차는 다음과 같다.

- Step0(초기상태) : 충분히 낮은 가속도와 최고 속도를 설정하여 탈조가 발생하지 않도록 회전시킨다. 반드시 등속 구간이 나타나도록 충분한 회전 각도를 설정한다.
- Step1(최고 속도 증가) : 가속도는 고정시키고 최고속도를 증가시켜서 탈조가 발생하기 시작하는 최고속도를 확인한다.
- Step2(최고 속도 설정) : 탈조가 발생하기 시작하는 최고속도의 70~80% 수준에서 최고 속도를 결정한다. 20~30%는 안정도 여유로 설정한다.
- Step3(가속도 증가) : 최고속도는 고정시키고 가속도를 증가시켜서 탈조가 발생하기 시작하는 가속도를 확인한다.
- Step4(가속도 설정) : 탈조가 발생하기 시작하는 가속도의 70~80% 수준에서 가속도를 결정한다. 20~30%는 안정도 여유로 설정한다.
- Step5(반복 확인) : Step1에서 Step4까지의 절차를 1~2회 반복한다. 모든 모터는 속도가 증가하면 모터의 토크가 감소하므로 적용할 수 있는 가속도가 영향받을 수 있다. 따라서 위의 절차를 반복 적용하여 탈조가 발생하지 않는 속도 궤적을 구한다.

(3) 고차 속도 프로파일

사다리꼴 형태의 속도 프로파일은 스테핑 모터의 탈조를 피할 수 있으면서도 그 형태가 비교적 간단하기 때문에 가장 널리 활용된다. 이는 속도 궤적에서 불연속적인 변화가 없기 때문에 탈조를 피할 수 있다. 하지만 그림 4.4.2와 그림 4.4.4에 나타낸 위치, 속도, 가속도 궤적을 보면 가속 구간의 시작, 등속 구간의 시작, 감속 구간의 시작 그리고 감속 구간의 종료 등 세부 운동 구간이 변화할 때 가속도 궤적에 불연속성이 발생한다.

가속도에서의 불연속 지점은 힘이 연속적으로 변화하지 않고 스텝 형태로 급격하게 변화하는 것이므로 보다 부드러운 모션을 구현하려고 할 때는 가속도를 연속적으로 변화시켜서 모터에서 발생하는 토크가 연속적으로 부드럽게 변화하도록 한다. 그림 4.4.5에는 사다리꼴 형태의 속도궤적보다 차수가 1 높은 2차의 속도 궤적을 나타내었다.

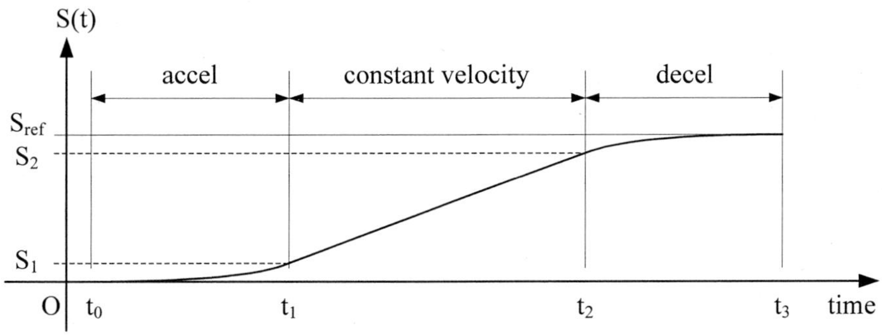

(a)

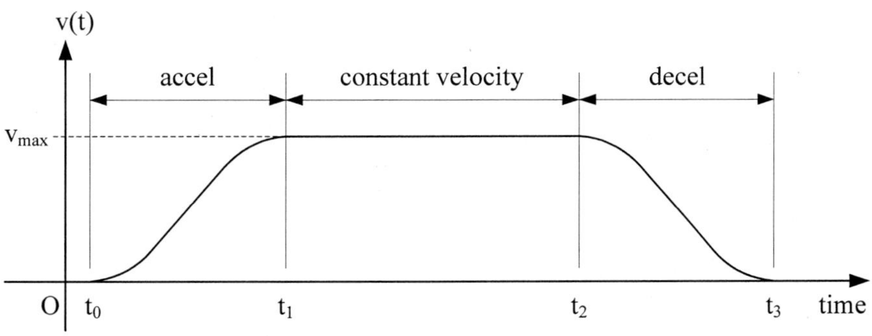

(b)

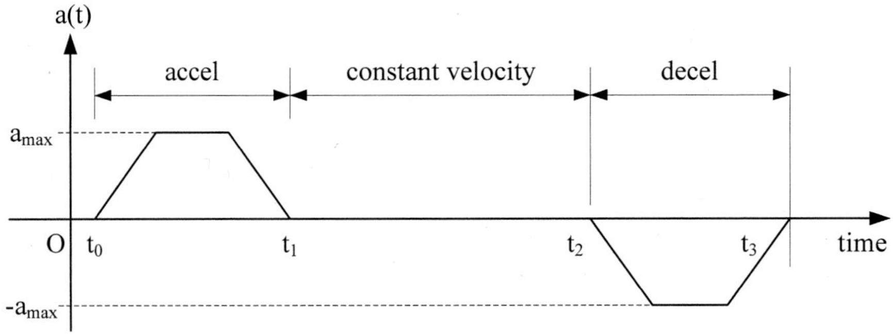

(c)

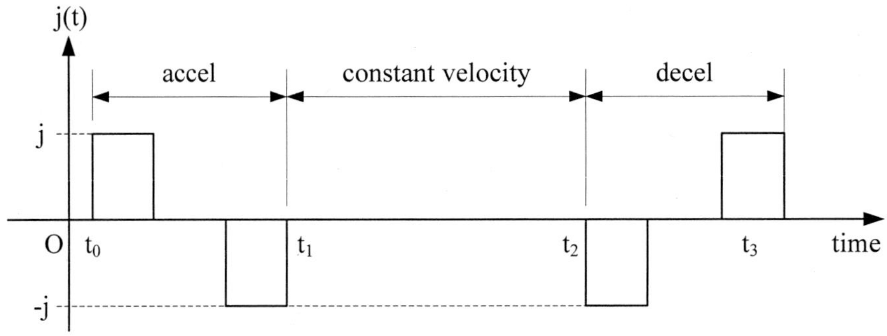

(d)

그림 4.4.5 2차 속도 궤적의 예시

일반적으로 속도 궤적의 차수를 높일수록 속도 궤적의 작성과 관련된 복잡도는 증가하지만 동작 특성은 보다 부드러운 동작 특성을 가진다. 즉, 속도 궤적을 아무리 반복적으로 미분하여도 미분 불가능한 불연속적인 점이 나타나지 않는 궤적이 가장 좋은데, 이러한 조건을 만족하는 속도 궤적은 종모양 속도 궤적이며 이는 exponential함수와 관련된다. 하지만 복잡성을 줄인 방법으로 가속도의 미분인 저크(jerk)에서 불연속점이 발생하지 않도록 하는 사례가 일부 적용되고 있다.

4.5 스테핑 모터 제어를 위한 MCU FW 및 FPGA 활용

스테핑 모터의 위치 및 속도 제어를 위해서는 구동 드라이버 회로의 이해, 구동 드라이버 스위치 제어 신호 생성, 상 지연 시간 측정, 가속 및 감속 속도 궤적 적용 등 세부적으로 다양한 기능이 수행되어야 한다. 앞에서도 언급하였지만 스테핑 모터의 제어는 전류의 On/Off 제어 방식이 가장 널리 사용되므로 MCU 또는 FPGA를 포함한 디지털 회로가 목적에 매우 적합하다. 특히, MCU와 FPGA를 같이 사용하는 경우에 각 기능별로 어디에 기능을 구현할지 반드시 결정하여야 한다. 본 절에서는 스테핑 모터의 제어를 위하여 MCU 및 FPGA를 활용하는 방법에 대하여 기술한다.

4.5.1 스테핑 모터 제어를 위한 블록선도

그림 4.5.1에는 스테핑 모터의 위치 및 속도 제어를 위해서 필요한 단위 기능들로 구성된 블록선도를 나타내었다. 설명의 편의를 위하여 유니폴라 스테핑 모터에서 1상 여자 구동 방식을 적용한 경우로 제한하여 설명한다.

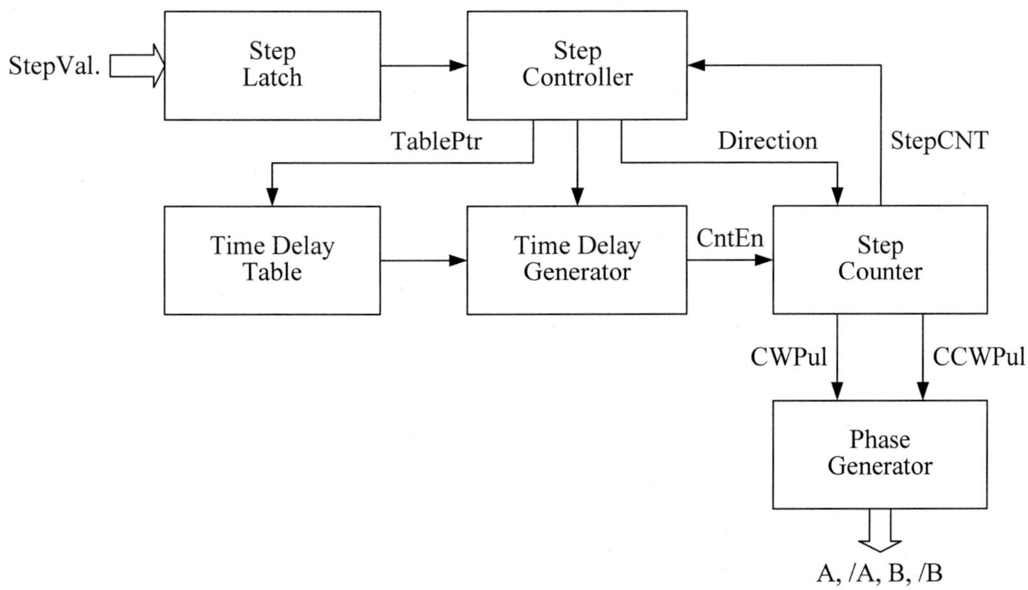

그림 4.5.1 스테핑 모터 제어 시스템의 블록선도

그림 4.5.1는 스테핑 모터 제어 시스템에서 필요한 세부 사항을 기능 단위의 블록선도로 나타낸 것이다. 즉, 그림에 나타낸 각 블록을 MCU의 FW로 구현할지 FPGA HW로

구현할지 결정된 상태는 아니다. 실제로 그림 4.5.1에 포함된 세부 블록은 모두 MCU FW로도 구현이 가능하고 FPGA로도 구현이 가능하다. 따라서 위 그림의 시스템이 적용될 환경에 따라서 구현 방법이 결정되어야 한다. 주요 블록의 동작에 대하여 설명하면 다음과 같다.

- Step Latch : 이동할 스텝 수를 저장.
- Time Delay Table : 스테핑 모터의 가감속 제어를 위하여 적용할 속도 궤적에 대응하는 상지연 시간을 미리 저장한 Look-up 테이블로 테이블 포인터 위치에 저장된 상지연 시간을 출력. 다만, 가속, 등속, 그리고 감속 구간의 모든 상지연 시간을 저장하려고 하면 매우 많은 메모리 공간이 필요하므로 통상적으로 가속 구간에 해당하는 테이블만 작성해 두고, Step Controller에서 해당 구간에 따라 테이블 포인터의 위치를 증가, 고정, 또는 감소시키도록 적용.
- Time Delay Generator : 상지연 테이블에서 입력된 시간만큼 지연된 타이밍을 출력하는 블록으로 지연 시작 입력을 제어기로부터 받아서 지정된 시간이 지났음을 CntEn 신호로 출력.
- Step Counter : CntEn 입력이 Enable 상태일 때, 회전 방향 입력에 따라 카운터 값을 증가 또는 감소함과 동시에 CWPul과 CCWPul을 Phase generator로 전송.
- Phase Generator : CWPul과 CCWPul 입력을 바탕으로 해당하는 방향으로 회전하기 위하여 필요한 스테핑 모터의 입력 상을 생성하는 블록.
- Step Controller : 전체 스테핑 모터 제어 시스템의 동작을 조율하는 블록으로 이동할 스텝 수와 현재 스텝 수를 비교하여 해당하는 상지연 시간을 테이블에서 읽어내고, 상지연 시간 측정을 시작하도록 출력 신호를 생성. 상지연 시간 테이블의 포인터를 현재 가속, 등속, 또는 감속 구간을 판단하여 증가시키거나 감소시키는 등 가장 복잡한 동작을 수행하는 블록.

4.5.2 MCU와 FPGA를 활용한 스테핑 모터 제어 시스템

그림 4.5.1에 나타낸 블록선도에서 각 블록을 MCU FW 또는 FPGA HW로 구현이 가능하다고 하였다. 본 절에서는 단위 블록을 단계적으로 FPGA HW로 구현하는 방법에 대하여 설명한다.

❑ Phase Generator

Phase Generator는 MCU에서 수행하기에 가장 단순하고 귀찮은 동작이지만, FPGA로 구현하기에 매우 용이한 블록이다. 그림 4.5.1에서 Phase Generator는 FPGA로 구현하고 나머지 블록은 MCU FW에서 처리할 수 있으며, 실제로 상용 스테핑 모터 구동 드라이버는 트랜지스터 회로 앞에 Phase Gnerator를 장착하여 스테핑 모터의 상전환에 대한 지식이 없는 사람도 쉽게 사용할 있도록 한다. 그림 4.5.2에는 Phase Generator의 입출력 파형을 예시하였다. 설명의 편의를 위하여 마스터 클럭은 생략하였다.

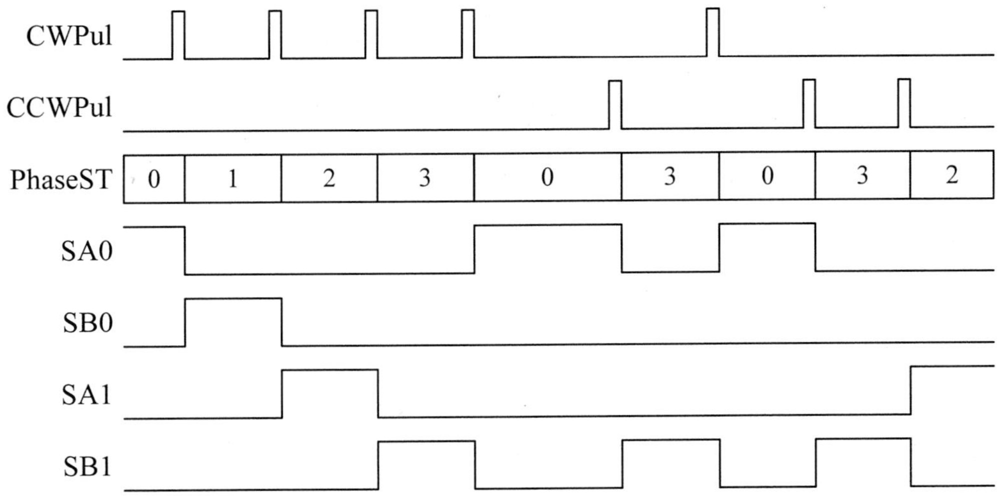

그림 4.5.2 Phase Generator의 입출력 파형

위 그림에서 CWPul과 CCWPul이 인가될 때, 내부 상태는 증가하거나 감소한다. 내부 상태마다 출력될 SA0, SA1, SB0, SB1이 미리 결정되어 있어서 스테핑 모터 드라이버 회로로 인가된다. 참고로 드라이버 회로는 그림 4.3.13의 회로를 가정하였으므로 각 출력 신호가 High일 때 스테핑 모터의 해당 코일에 전류가 인가된다. 1상 여자 방식을 가정하였으므로 한 시점에 출력 신호 한 개만 High 상태를 가진다.

Phase Generator가 FPGA로 구현되면 MCU에서는 스텝 각 단위로 회전하려는 방향을 고려하여 CWPul 또는 CCWPul 신호만 인가한다. 현재 스텝 수 및 가감속 제어를 위한 상지연 시간의 관리는 MCU의 FW에서 하여야 한다.

❑ Step Counter

Step Counter는 현재 위치로 스텝 수를 저장하고, 외부에서 인가되는 CntEn 신호와 Dir 신호를 바탕으로 스텝 수를 증가하거나 감소한다. 이와 동시에 Phase Generator에게

시계 방향 또는 반시계 방향으로 회전하기 위한 제어 신호를 출력한다. 그림 4.5.3에는 Step Counter의 입출력 파형을 예시하였다.

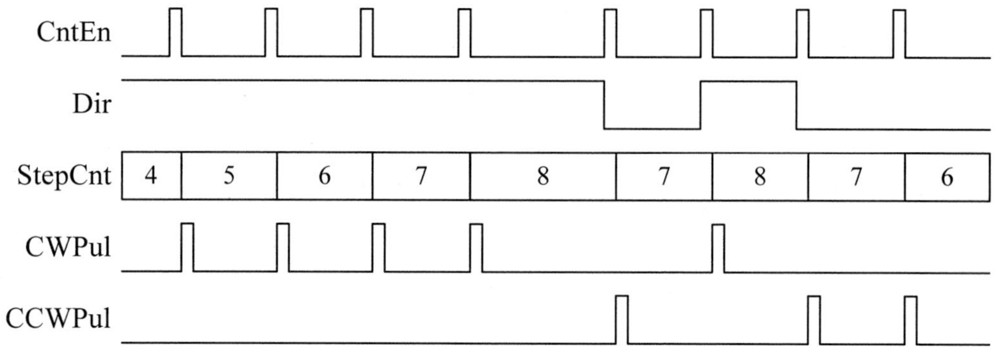

그림 4.5.3 Step Counter의 입출력 파형

입력 신호 Dir이 High인 경우 CntEn이 발생할 때 내부의 스텝 카운터 값은 증가하고, 반대의 경우 스텝 카운터 값이 감소한다. 스텝 카운터 값의 증가/감소와 동시에 CWPul 또는 CCWPul 신호가 발생한다.

Step Counter 블록이 FPGA로 구현되면 MCU에서는 현재 스텝 수가 얼마인지 기억하지 않아도 된다. 하지만, 가감속 제어를 위해서 현재 위치를 알아야하므로 스텝 카운터 값을 읽어서 확인하여야 한다.

❑ Time Delay Generator

Time Delay Generator는 입력으로 인가되는 시간 카운트 값 만큼 시간을 지연하는 기능을 구현한다. Step Controller에서 인가되는 start 신호로부터 시간 지연 후 CntEn 신호로 출력한다. 타이머를 One Shot 모드로 동작시킨다고 간주할 수 있다. 그림 4.5.4에는 Time Delay Generator의 입출력 파형을 예시하였다.

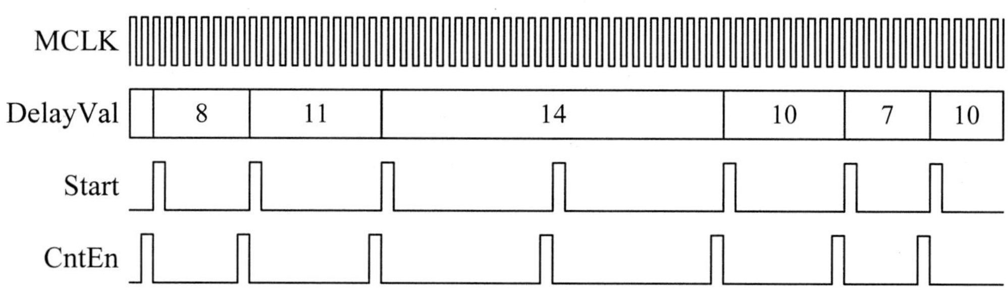

그림 4.5.4 Time Delay Generator의 입출력 파형

그림 4.5.4에서 DelayVal과 Start는 입력 신호로 각각 지연시킬 시간 카운트 값과 시간 지연 시작 신호이다. 내부에는 내장 타이머가 있어서 지연시킬 카운트 값만큼 카운트 후 CntEn 신호로 출력한다.

Time Delay Generator까지 FPGA로 구현되면 MCU에서는 더 이상 상지연 시간을 측정할 필요가 없다. 다만, 상지연 시간인 DelayVal은 MCU에서 인가하여야 하므로 현재 상지연 시간이 종료될 때마다 새로운 상지연 값으로 변경하여야 한다. 이는 CntEn 신호로 MCU의 인터럽트를 입력하고, 해당 인터럽트 처리 함수에서 DelayVal 변경 및 Start 신호 인가의 작업을 수행하면 된다. FPGA HW에 기능이 많이 구현될수록 MCU의 FW에서 처리할 일은 줄어드는 현상을 확인할 수 있다.

❑ Time Delay Table 및 Step Controller

Time Delay Table은 단순한 메모리 기능의 블록이므로 이 블록만 FPGA로 구현하는 것은 MCU의 메모리 사용량을 줄이는 것 이외에는 별다른 이득이 없다. 따라서 Step Controller와 함께 FPGA로 구현하는 경우를 다룬다.

Step Controller는 그림 4.5.1에 나타낸 전체 스테핑 모터 제어 시스템을 관장하는 제어기로서 FPGA로 구현하기에 가장 까다로운 부분이다. Step Controller에서 처리하여야 하는 기능을 나열하면 다음과 같다.

- 목표 스텝 수와 현재 스텝 수를 비교하여 가속, 등속, 감속 구간 중 현재 상태를 결정.
- Time Delay Table에서 필요한 지연 시간 카운트 값을 읽어내기 위하여 테이블 포인터를 출력.
- 목표 스텝 수에 도착하지 못한 경우 직전 상지연 시간이 종료된 것을 확인하고 Time Delay Generator로 새로운 상지연 카운트 시작을 명령.

Time Delay Table 및 Step Controller까지 모두 FPGA로 구현되면 MCU에서는 목표 스텝 수만 입력하고, 스테핑 모터가 목표 스텝 수만큼 이동할 때까지 기다리거나 다른 작업을 수행할 수 있다. 그림 4.5.1에 나타내지는 않았지만 목표 스텝 수만큼 회전한 직후에 Step Controller에서 MCU에 입력할 인터럽트 신호를 제공하면 MCU FW의 작성에 매우 유용하게 활용될 수 있다.

CHAPTER 5

BLDC 모터

5.1 BLDC 모터 소개

BLDC 모터는 Brushless DC 모터를 줄인 말로 DC 모터에서 브러시를 제거한 개념이다. DC 모터에서 브러시는 정류자와 함께 권선에 흐르는 전류의 방향을 반대로 변환하는 역할을 담당한다. 하지만 DC 모터의 회전으로 인한 정류자와의 마찰로 인하여 여러 문제가 발생하는 원인으로 지목되어 왔다. 전자공학의 비약적인 발전에 힘입어 권선에 흐르는 전류의 방향을 반전하는 정류자의 기능을 더 이상 기계적인 방식을 취하지 않더라도 전기적인 방식으로 매우 손쉽게 수행하게 되었다. DC 모터는 기계적 정류자를 적용한 모터인 반면 BLDC 모터는 전기적인 정류자를 적용한 모터로 간주할 수 있다. 본 절에서는 BLDC 모터의 특징에 대하여 살펴본다.

5.1.1 BLDC 모터의 특징

BLDC 모터의 주요 특징을 소개하면 다음과 같다.

❑ 전기적 정류자

DC 모터에서는 권선에 흐르는 전류의 방향을 브러시와 전기자를 이용한 기계적 방식으로 반전한 반면 BLDC 모터에서는 전기적 방식의 정류자를 사용한다. 기계적 정류자와 브러시 사이의 마찰 및 접촉저항 성분이 없으므로 효율이 우수하고, 마찰력이 없어 고속 회전이 가능하다.

❑ 권선은 고정자, 영구자석은 회전자

DC 모터에서는 회전자는 권선, 고정자는 영구자석이었다. BLDC 모터에서는 이와 반대로 권선이 고정자이고 영구자석이 회전자이다. 이러한 관계에 있어서 BLDC 모터는 스테핑 모터와도 유사한 점이 있다. 실제로 BLDC 모터의 구동에 있어서도 스테핑 모터와 같이 모터에 입력되는 상을 순차적으로 입력하여 오픈루프로 제어가 가능하다.

❑ 회전자의 회전 각도 검출을 위한 자기 센서 내장

DC 모터에서는 기계적인 정류자를 사용하므로 회전자인 권선이 회전함에 따라 자동적으로 권선에 흐르는 전류의 방향이 전환되었다. 반면 전기적인 정류자를 적용하는 BLDC 모터에서는 회전자의 회전 각도를 감지하여 이에 맞는 전류 방향을 설정하여야 하므로 영구자석인 회전자의 회전 각도를 감지하는 센서가 필요하다. 이를 위하여 BLDC 모터에서는 홀(Hall) 센서를 내장하여 회전자의 회전 각도를 감지하고, 이를 전기적 정류자의 동작에 반영한다. 스테핑 모터 관점에서 설명하면 홀 센서는 탈조가 방지하지 않도록 현재의 회전자 위치를 모터 입력 상의 결정에 반영하는 것으로 간주할 수 있다.

❑ 3개의 코일과 상의 입력

BLDC 모터에서는 3개의 코일이 Y 또는 △ 로 결선되고, 3개의 입력을 받는다. 기본적으로 입력되는 3상 입력은 120도의 위상차를 가지는 입력이 되며, 입력만 봐서는 3상 유도전동기와 유사하다. 이러한 이유로 산업 현장에서는 BLDC라는 용어 외에도 AC 서보 모터라는 용어도 널리 사용된다.

❑ 주요 활용 분야

BLDC 모터는 기계적 정류자가 없어서 기계적 마모에 의하여 수명이 제한되는 DC 모터의 단점이 나타나지 않는다. 또한, 브러시와 전기자 사이의 기계적 마찰이 없으므로 DC 모터보다 빠른 회전속도를 구현하는데 적합하다. 이러한 이유로 BLDC 모터는 정속 회전 운동이 필요한 분야에 널리 사용된다. 주요 사용 분야로는 HDD 또는 광디스크 드라이브에서 디스크를 회전시키는 스핀들 모터, 컴퓨터 등의 냉각팬, 그리고 전동스쿠터 또는 전동휠체어 등의 구동 모터로 널리 사용된다.

5.2 BLDC 모터의 구조

5.2.1 BLDC 모터의 구성

BLDC 모터는 3개의 코일, 3상의 입력, 3개의 홀 센서, 영구자석인 회전자 등으로 구성된다. 3개의 코일은 120도 간격으로 배치되며, 홀 센서도 동일하게 120도 간격으로 배치된다. 전기적 단자는 권선의 3상 입력과 홀 센서 출력 신호 3개, 그리고 홀 센서에 공급되는 전원으로 구성된다. 그림 5.2.1에는 BLDC 모터의 구조를 개념적으로 나타내었다.

여기서 코일의 결선 형태는 Y 결선 형태로 나타내었지만 △ 결선 형태도 사용된다. 또한, 그림에서는 회전자 주위에 코일이 배치되는 것으로 나타내었지만 코일이 가운데 배치되고 영구자석인 로터가 코일 외부에 배치되는 형태도 많이 사용된다.

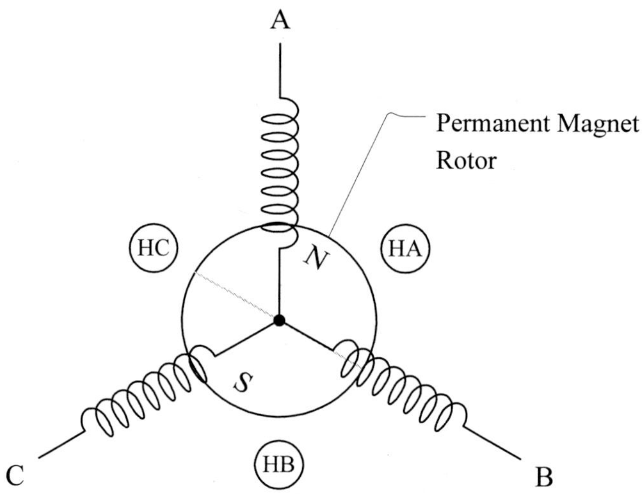

그림 5.2.1 BLDC 모터의 구조

❑ 회전자

회전자는 영구 자석으로 구성된다. 그림에서는 N극과 S극이 각각 1개씩 존재하는 영구자석으로 표현하였지만 N극과 S극이 여러 개로 구성된 영구자석이 사용되기도 한다.

❑ 고정자 코일

고정자 코일은 고정자 철심에 감아서 사용하는데, 그림에서는 3개가 120도 간격으로 배치된 형태로 나타내었지만 6개, 9개 12개 등 여러 코일이 직렬로 결선된 형태로도 사용된다.

❑ 홀센서

영구자석인 회전자의 현재 방향을 감지하기 위하여 자기장을 검출하는 홀센서 3개를 120도 간격으로 배치한다. 홀센서 구동을 위해서 별도 전원이 인가되어야 한다. 최근에는 홀센서를 사용하지 않는 sensorless BLDC 모터도 저가형 제품에서는 널리 사용된다.

5.2.2 BLDC 모터의 권선 결선

BLDC 모터는 3개의 권선으로 구성되며, 3개의 권선을 연결하여 권선 단자는 3개만 BLDC 모터 외부로 연결된다. 권선간의 결선은 크게 Y(wye) 결선과 △ 결선으로 구분할 수 있다. 그림 5.2.2에는 두 결선 구조를 나타내었다. 권선 단자는 A, B, C 또는 U, V, W로 표현하는데, 본 교재에서는 A, B, C로 표현한다.

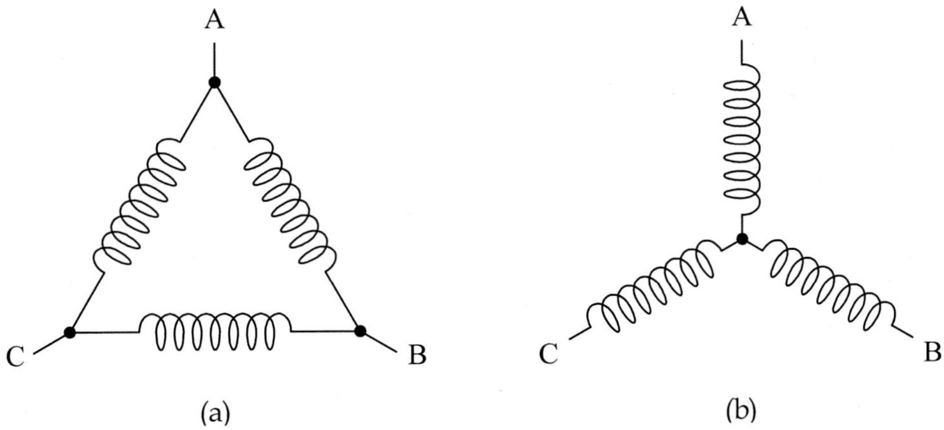

그림 5.2.2 BLDC 모터의 권선 결선 구조

이러한 결선 구조에서 모터 내부의 자기장은 각 코일에 인가된 전류에 의하여 발생하는 자기장의 벡터 합으로 결정되며, 영구자석인 회전자는 이 자기장 방향에 일치하는 방향으로 회전하게 된다. 또한 그림 5.2.2에는 3개의 코일로 구성된 형태로 나타내었으나 고정자 철심의 수에 따라 2개 이상의 코일이 직렬로 배치된 형태로 결선되기도 한다.

Y 결선과 △ 결선은 구동 방법에서는 차이가 없으나 다만 다음과 같은 특성 차이가 존재한다.

- Y 결선은 통상적으로 높은 토크 상수를 가진다. 모터의 토크는 권선에 흐르는 전류에 비례하는데, 토크와 전류 사이의 비례 상수가 토크 상수이다. 토크 상수가 크면 같은 전류에 대하여 높은 토크가 발생하므로 일반적으로 △ 결선에서보다 Y 결선에서 회전 토크가 더 강하다.

- △ 결선은 통상적으로 높은 속도 상수를 가진다. 모터의 속도는 권선에 인가되는 전압에 비례하는데, 회전 속도와 전압 사이의 비례 상수가 속도 상수이다. 속도 상수가 크면 같은 단자 전압에 대하여 높은 회전 속도가 발생하므로 일반적으로 Y 결선에서보다 △ 결선에서 회전 속도가 더 높다.

5.3 BLDC 모터의 구동

BLDC 모터는 3개의 코일로 구성되고 3개의 전기적 구동 단자로 구성된다. BLDC 모터를 회전시키기 위해서는 이 3개의 구동 단자에 120도 위상차를 가지는 구형파 또는 사인파를 인가하여야 한다. BLDC 모터를 한쪽 방향으로 회전시키는 것은 스테핑 모터에서의 상전환과 거의 동일하다. 여기에 BLDC 모터에 내장된 홀센서 신호를 사용하면 스테핑 모터에서 문제되는 탈조 현상을 방지하는 전기적 정류자 기능을 구현할 수 있다. 본 절에서는 BLDC 모터를 구동하는 방법에 대하여 설명한다. 설명의 편의를 위하여 여기서는 구형파 형태로 구동하는 것을 가정하며, 또한 코일의 결선 구조는 △ 결선을 가정한다.

5.3.1 BLDC 모터의 3상 입력과 홀센서 출력

BLDC 모터의 구동에 대한 이해를 위하여 BLDC 모터의 구조를 그림 5.3.1과 같이 간략히 모델링한다. 그림에서 3개의 코일은 전류의 방향과 이로 인하여 생성된 자기장의 방향이 일치하는 것으로 가정하였다. 결과적으로 회전자 위치에 생성되는 자기장은 코일 자기장의 벡터 합으로 표현된다.

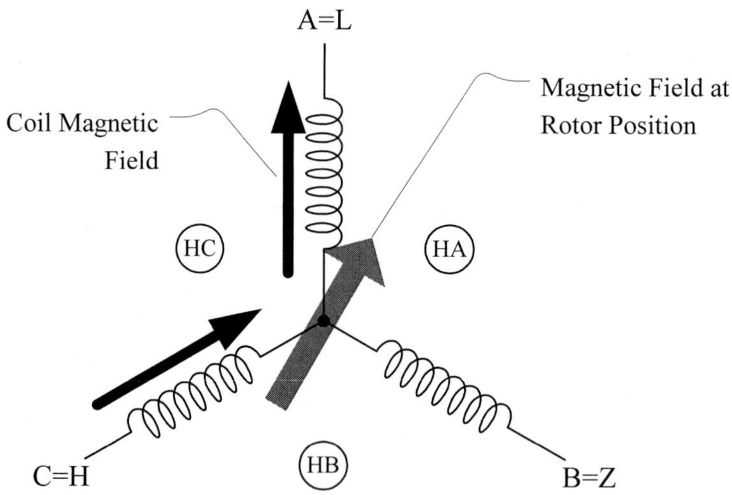

그림 5.3.1 BLDC 모터 모델

❑ 3상 입력에 인가되는 전압

3상 입력으로는 아날로그 사인파 또는 디지털 구형파를 사용할 수 있다. 어떤 구동 입력을 사용하더라도 3개의 입력은 120도의 위상차를 가져야 한다. 여기서는 A, B, C에 인가되는 전압에 디지털 개념을 적용하여 High, Low 그리고 전기적 오픈 상태인 Hi-Z의 3가지 상태만 있는 경우를 가정하자. 코일에 전압을 인가하는 것은 코일에 전류를 흘려서 회전 토크를 발생시키는 것이므로 3개의 단자 중 1개는 High, 1개는 Low 그리고 나머지 하나는 Hi-Z 상태가 된다. 이러한 조건을 감안하면 3개의 단자에 인가할 수 있는 상의 수는 총 6가지가 된다. 표 5.3.1에는 이 6가지를 회전 순서대로 나열하였다.

표 5.3.1 BLDC 모터의 3상 입력 상

입력 단자	상1	상2	상3	상4	상5	상6
전류 방향	C→A	C→B	A→B	A→C	B→C	B→A
A	L	Z	H	H	Z	L
B	Z	L	L	Z	H	H
C	H	H	Z	L	L	Z
자기장 방향	30도	90도	150도	210도	270도	330도
회전방향	반시계방향 ←					→ 시계방향

위 표에 나타낸 입력 상의 상태를 상1에서 상6까지의 순서(시계방향 또는 반시계방향 순서)로 변화시키는 경우를 그래프로 표현하면 그림 5.3.2와 같다. 그림에서 점선으로 표시된 눈금은 60도에 해당한다. A, B, C 상의 순서로 각각 120도의 위상차가 나타나고 있음을 확인할 수 있으며, 시계방향으로 회전할 때와 반시계 방향으로 회전할 때의 위상 순서가 반대이다.

본 교재에서는 각 단자의 상태가 H, L, Hi-Z의 3가지 상태를 가지는 경우로 제한하였지만 비교를 위하여 아날로그 사인파도 같이 나타내었다. 각 단자의 신호에서 사인파가 0을 지나는 시점에 각 단자는 Hi-Z(굵은 선으로 표시)의 상태를 가진다.

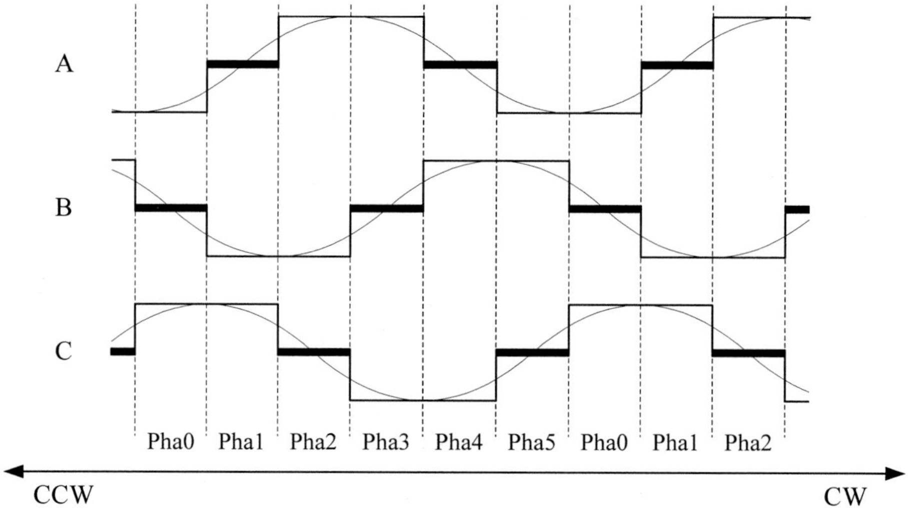

그림 5.3.2 3상 입력 단자의 신호 파형

위 표에 나타낸 상1에서 상6의 조합을 충분한 시간차를 두면서 BLDC 모터에 인가하면 마치 스텝 모터를 구동하는 것과 동일한 원리로 BLDC의 회전자가 회전하게 된다. 상 전환의 시간차를 줄이면 빠르게 회전하고, 반대로 상을 전환하면 반대방향으로 회전하는 것까지 스테핑 모터의 제어 방식과 동일하게 구동할 수 있다. 그림 5.3.2에는 표 5.3.1에 나열한 3상 입력에 대하여 권선 내부에 형성되는 자기장을 나타내었다. 영구자석인 회전자는 그림 5.3.2에 표시한 자기장의 방향과 일치하는 방향으로 회전하게 된다.

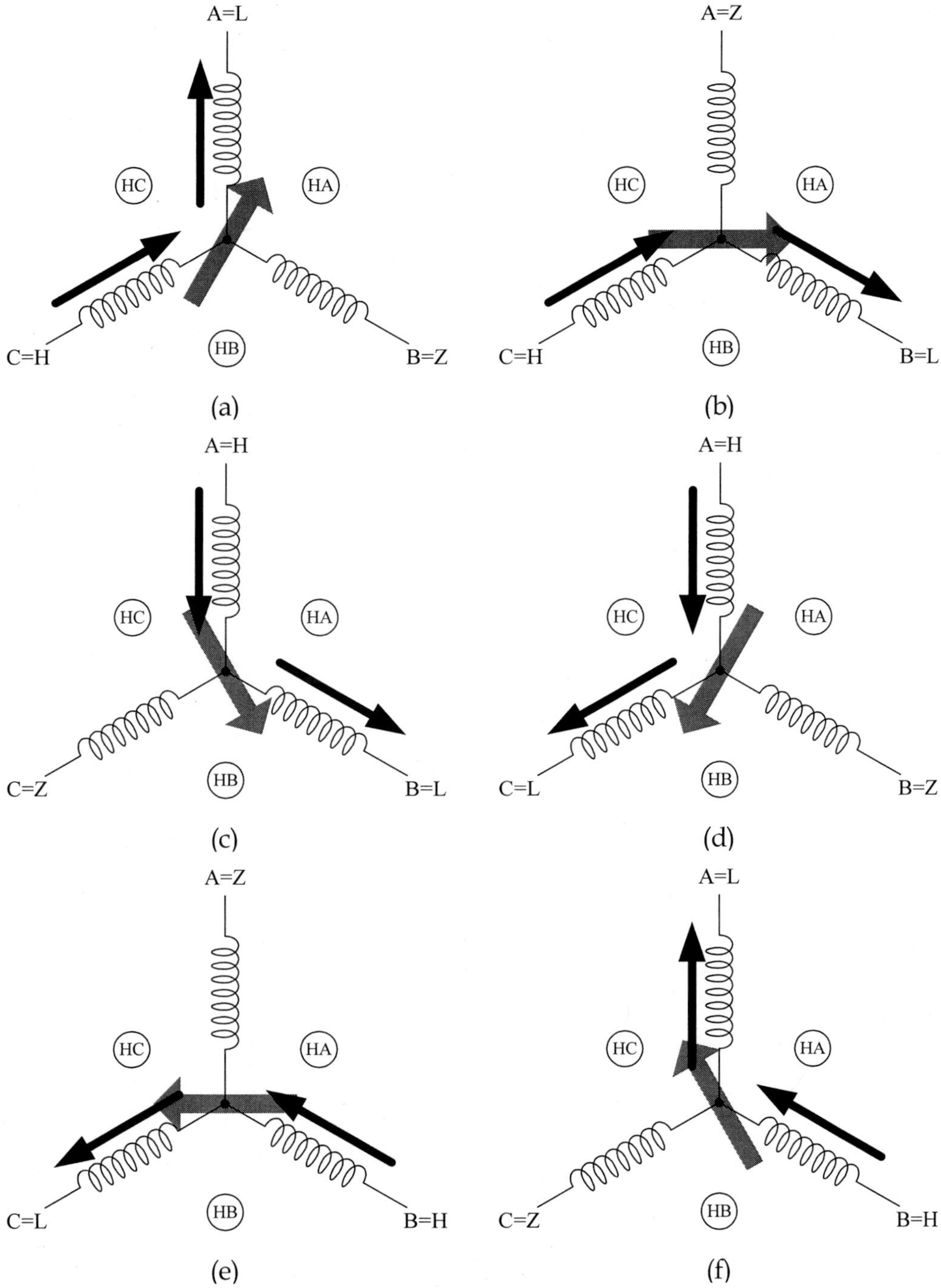

그림 5.3.3 BLDC 입력 상태에 대한 회전자 위치

❑ 3상 홀 센서 신호의 출력

홀 센서는 회전자인 영구자석의 자기장을 검출하여 현재 회전자의 위치를 검출하는 용도로 사용된다. 3개의 홀 센서 신호는 120도의 위상차를 가지도록 배치된다. 홀 센서 신호도 원래는 아날로그 신호이지만 디지털 적으로 High 또는 Low의 상태만 나타내도록 출력한다. 여기서는 홀 센서에서 회전자 영구자석의 N극이 S극보다 가까이 있으면 High가 출력된다고 설정한다. 3상 권선 전압의 입력에서와 마찬가지로 3개의 홀 센서 출력이 모두 High 이거나 모두 Low인 경우는 발생하지 않으므로 이를 제외한 6가지의 신호 조합이 발생 가능하다.

앞에서 설명하였듯이 3상의 권선 전압의 조합도 6가지가 있으며, 이 조합에 따라 자기장이 결정되어 영구자석의 회전 각도가 결정된다. 즉, 권선 전압의 6가지 조합과 영구자석의 정상상태 위치 6개는 1대 1의 관계를 가지게 되며, 이 관계를 요약한 것이 표 5.3.1이다. 이와 더불어, 영구자석인 회전자의 6개 위치에 따라 홀 센서 출력 신호의 조합도 1대 1의 관계를 가지며, 이 관계를 표 5.3.2에 정리하였다. 회전자의 각도 60도 마다 홀 센서의 출력 조합이 하나씩 결정된다.

표 5.3.2 BLDC 모터의 3상 입력 상 vs. 정상상태에서의 홀 센서 출력

회전자 각도	−30~30도	30~90도	90~150도	150~210도	210~270도	270~330도
Ha	H	H	H	L	L	L
Hb	L	L	H	H	H	L
Hc	H	L	L	L	H	H
회전방향	반시계방향 ←					→ 시계방향

이제 표 5.3.1과 5.3.2를 조합하여 살펴보면 3상 입력 단자의 상태에 따라서 결정되는 회전자의 회전 각도는 홀 센서의 상태가 고유한 60도 범위의 경계에 해당한다. 이를 알아보기 쉽도록 정리하면 표 5.3.3 및 그림 5.3.4와 같다.

표 5.3.3 3상 입력 상태에 의한 자기장 방향 vs. 회전자 방향에 의한 홀센서 상태

입력 단자		상1		상2		상3		상4		상5		상6
A		L		Z		H		H		Z		L
B		Z		L		L		Z		H		H
C		H		H		Z		L		L		Z
자기장 방향		30도		90도		150도		210도		270도		330도
회전자 방향	-30~30	30도	30~90	90도	90~150	150도	150~210	210도	210~270	270도	270~330	330도
Ha	H	H	H	H	H	H↔L	L	L	L	L	L	L↔H
Hb	L	L	L	L↔H	H	H	H	H	H	H↔L	L	L
Hc	H	H↔L	L	L	L	L	L	L↔H	H	H	H	H
홀상태	홀상태1		홀상태2		홀상태3		홀상태4		홀상태5		홀상태6	
회전 방향	반시계방향 ←											→ 시계방향

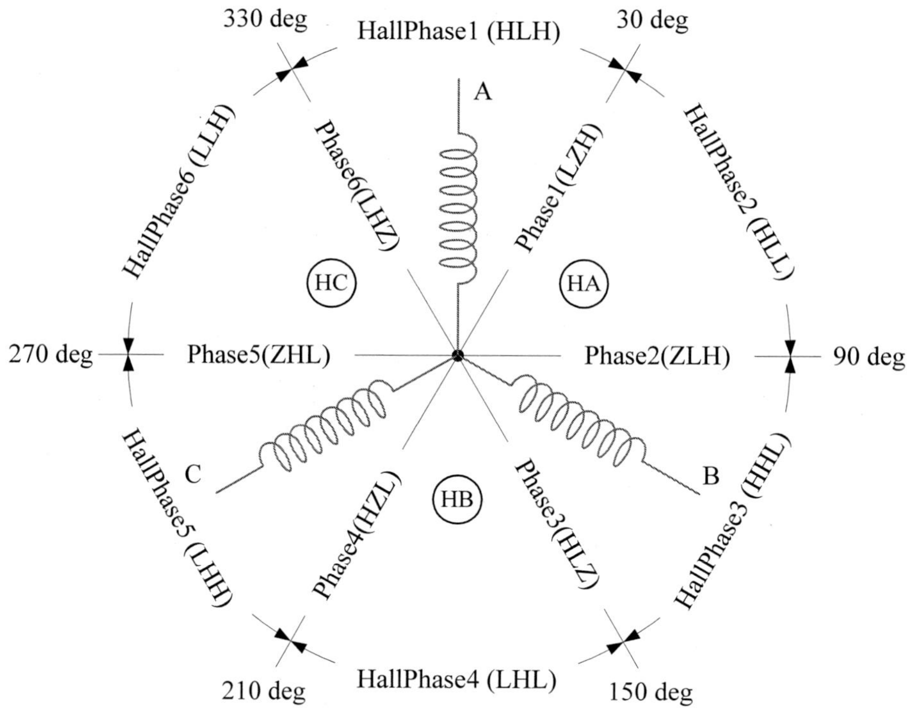

그림 5.3.4 BLDC 입력 상태와 홀신호 출력 상태

표 5.3.3에서는 자기장의 방향과 회전자의 방향을 별도로 나타내었다. 3상 입력 단자의 상태(상1～상6)는 자기장의 방향을 결정하고, 회전자의 방향은 홀센서의 상태(홀상태1～홀상태6)을 결정한다. 따라서 코일에 흐르는 전류로 인한 자기장의 방향과 회전자의 방향이 일치하지 않을 수 있음을 의미한다. 오히려 BLDC 모터의 회전을 위해서는 자기장의 방향과 현재 회전자의 방향은 일치하지 않아야 한다.

5.3.2 전기적 정류자의 동작

표 5.3.3과 그림 5.3.4에는 3상 입력 단자의 상태에 의하여 결정되는 회전자 위치에서의 자기장 방향과 회전자 방향에 의하여 결정되는 홀센서 상태를 나타내었다. 3상 입력 단자의 상태가 상1에서 상6으로 점진적으로 변화하면 시계 방향으로 회전하고 상6에서 상 1로 변화하면 반시계방향으로 회전하게 된다. 하지만 이러한 회전 방법에서는 홀 센서 신호를 사용하지 않는 방법으로 스테핑 모터의 구동 절차와 동일하고, 결과적으로 빠른 상전환은 탈조와 동일한 증상을 발생시킨다. 이러한 문제를 보완하는 방법으로 홀 센서 정보를 활용하여 현재 상태에서 회전하려는 방향에 맞는 3상 입력 신호를 생성하여야

한다. 홀센서의 상태는 회전자의 현재 방향을 60도의 해상도를 가지고 알려준다. 본 절에서는 이러한 홀 센서 신호를 바탕으로 BLDC 권선에 입력되는 3상 신호를 생성하는 방법에 대하여 알아본다.

❑ 3상 홀 센서 신호로부터 3상 입력 신호의 생성

그림 5.3.4에서 현재 홀 센서의 상태를 확인했을 때, -30(330)~30도에 해당하는 홀상태1에 있고, 회전하려는 방향은 시계방향이라고 가정하자. 이 상태에서 시계방향으로 회전하려면 회전자 위치에서의 자기장 방향을 30도, 90도, 또는 150도 방향으로 맞추어야 한다. 자기장의 방향을 210도, 270도, 또는 330도로 설정하면 반시계 방향으로 회전하게 된다.

자기장의 방향과 일치하기 위하여 영구자석이 회전할 때, 회전 토크가 최대가 되는 각도는 90도 이다. 현재 회전자의 방향이 0±30도의 각도를 가지고 있으므로 90도 방향의 자기장을 인가하면 자기장과 영구자석의 각도가 60~120도를 이루게 되므로 대략 최대의 토크를 발생시킬 수 있다. 30도 또는 150도 방향의 자기장을 생성하면 자기장과 영구자석의 각도가 각각 0~60도와 120~180도를 이루게 되므로 회전 토크를 최대로 생성할 수 없다. 이러한 이유로 현재 홀센서의 상태를 확인하여 90도 앞선 방향의 자기장이 생성될 수 있는 3상 입력을 인가한다.

표 5.3.4에는 시계 방향 회전과 반시계 방향 회전에 대해서 각 홀센서 상태에서 어떤 3상 입력을 인가하여야 하는지를 요약하였다. 하나의 홀센서 상태에서 시계방향 회전을 위한 3상 입력과 반시계 방향 회전을 위한 3상 입력이 서로 다르며 3상 입력에 의한 자기장의 방향은 180도의 방향 차이를 가진다.

표 5.3.4 회전 방향에 따른 홀상태와 3상 입력의 관계

홀센서 상태	홀상태1	홀상태2	홀상태3	홀상태4	홀상태5	홀상태6
	HLH	HLL	HHL	LHL	LHH	LLH
3상입력 (시계방향)	상2	상3	상4	상5	상6	상1
	ZLH	HLZ	HZL	ZHL	LHZ	LZH
3상입력 (반시계방향)	상5	상6	상1	상2	상3	상4
	ZHL	LHZ	LZH	ZLH	HLZ	HZL
회전방향	반시계방향 ←					→ 시계방향

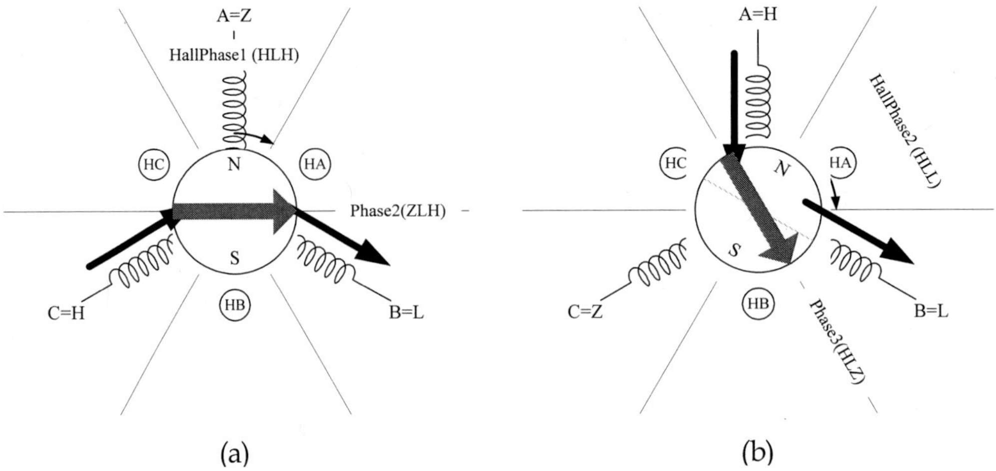

그림 5.3.5 홀센서 신호를 이용한 BLDC 모터의 구동(시계방향)

그림 5.3.5에는 시계방향으로 회전하는 경우를 예시하였다. 그림 5.3.5 (a)에는 초기 상태로 회전자가 0도 방향을 향하고 있으며, 표 5.3.4에 따라 홀상태1에서 시계 방향으로의 회전을 위하여 3상 입력에는 상2를 인가하였다. 자기장이 90도 방향으로 형성되어 회전자는 시계방향으로 회전한다.

이 상태가 유지되어 회전자의 방향이 30도 이상 회전하면 그림 5.3.5 (b)에 나타낸 것처럼 홀센서 상태는 홀상태2로 변화한다. 표 5.3.4에 따라 홀상태2에서 시계 방향으로의 회전을 위해서 3상 입력에는 상3을 인가하면 자기장의 방향은 150도가 되고, 회전방향은 그대로 시계 방향으로 유지된다.

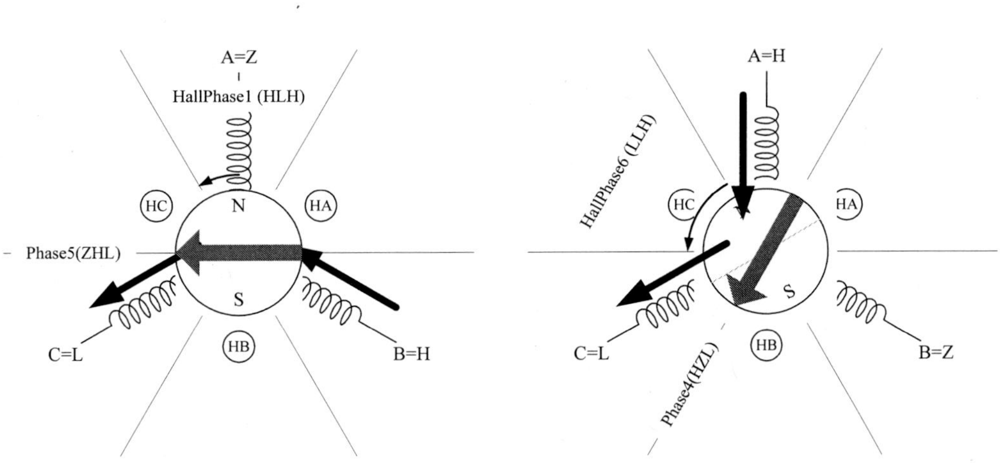

그림 5.3.6 홀센서 신호를 이용한 BLDC 모터의 구동(반시계방향)

그림 5.3.6에는 홀센서 신호를 이용한 반시계 방향으로의 회전을 위한 3상 입력의 설정을 나타내었다. 그림 5.3.5의 절차와 동일하게 적용된다.

❑ 상지연 시간의 연장으로 스테핑 모터에서 발생하는 탈조 현상 방지

BLDC 모터에서도 스테핑 모터와 마찬가지로 일정 시간마다 한번씩 표 5.3.2의 순서대로 3상 입력단자의 상을 변환하면 원하는 방향으로 회전이 가능하다고 설명하였다. 여기서 홀센서 신호를 사용하면 현재 회전자의 상태에서 회전하려는 방향에 적합한 입력 상을 인가할 수 있으므로 스테핑 모터의 문제점인 탈조 현상이 발생하지 않는다. 예를 들어, 그림 5.3.6 (a)의 상태에서 어떤 이유로 회전자가 회전하지 않으면 홀센서의 출력 상태로부터 회전자의 방향이 0도 위치임을 알려주기 때문에 회전자의 방향이 30도로 변경될 때까지 코일의 3상 입력 단자의 상태를 그대로 유지할 수 있다. 이러한 이유로 탈조 현상이 발생하지 않는다.

5.3.3 BLDC 모터의 구동 회로

본 절에서는 지금까지 살펴본 BLDC 모터의 구동 원리를 바탕으로 BLDC 모터의 구동을 위한 드라이버 회로에 대하여 다룬다. BLDC 모터의 구동 드라이버 회로는 DC 전원으로부터 120도 위상차를 가지는 3상 신호를 생성하여야 하므로 3상 인버터라 불리기도 한다. 그 구조는 기본적으로 3개의 하프 브리지(Half bridge)로 구성된다.

❑ 3개의 하프 브리지로 구성된 BLDC 모터의 드라이버 회로

BLDC 모터 내부에 구성된 3개의 코일에 전류를 인가하기 위한 드라이버 회로는 3개의 하프 브리지 회로로 구성된다. 그림 5.3.2에는 BLDC 모터의 드라이버 회로를 나타내었다.

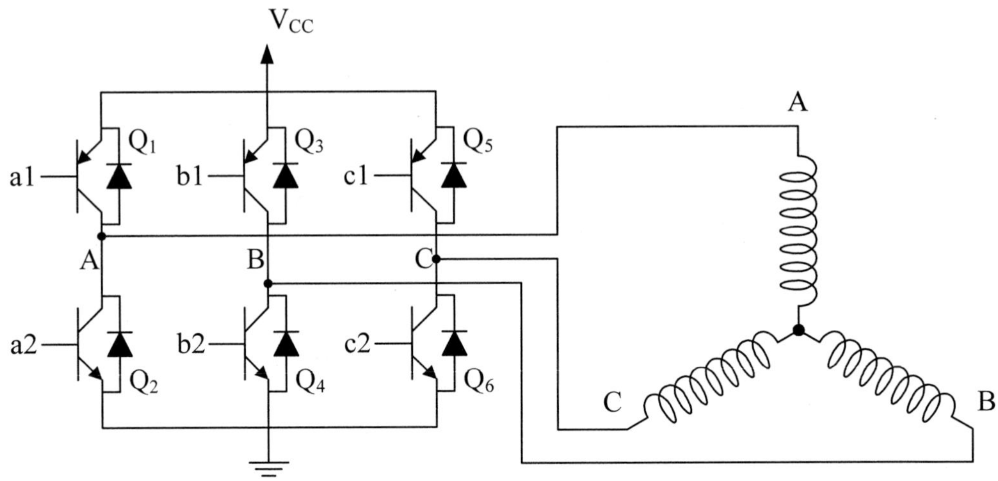

그림 5.3.7 BLDC 구동 회로

위 그림에서 Q_1과 Q_2, Q_3와 Q_4 그리고 Q_5와 Q_6는 각각 A, B, C 단자의 상태를 결정하는 트랜지스터 이고, a1, a2, b1, b2, c1, c2는 각각 Q_1에서 Q_6의 트랜지스터의 On/Off를 결정하는 제어 신호이다. 결국 a1과 a2, b1과 b2, 그리고 c1과 c2의 제어 신호를 조절하여 A, B, C 단자의 상태를 Hihg, Low 그리고 Hi-Z 중에서 선택할 수 있다. 다만, Q_1과 Q_2가 동시에 On되면 전원과 접지가 단락되므로 이런 상태에 해당하는 a1과 a2는 인가되어서는 안되며, 이 조건은 Q_3와 Q_4 그리고 Q_5와 Q_6에서도 동일하게 적용된다.

앞에서 BLDC 3상 입력에 인가할 수 있는 상태 조합은 6가지가 있다고 소개하였다. 하나의 하프 브리지는 2개의 제어 입력을 받아서 입력 단자 하나의 상태를 3가지 중에 하나로 결정한다. 각 상을 구현하기 위한 트랜지스터의 상태 및 제어 신호의 상태는 표 5.3.5에 정리하였다.

표 5.3.5 BLDC 드라이버 회로의 제어 신호 vs. 단자 상태

입력 단자	상1	상2	상3	상4	상5	상6
전류 방향	C→A	C→B	A→B	A→C	B→C	B→A
A	L	Z	H	H	Z	L
B	Z	L	L	Z	H	H
C	H	H	Z	L	L	Z
ON Tr.	Q2, Q5	Q4, Q5	Q1, Q4	Q1, Q6	Q3, Q6	Q3, Q2
a1	H	H	L	L	H	H
a2	H	L	L	L	L	H
b1	H	H	H	H	L	L
b2	L	H	H	L	L	L
c1	L	L	H	H	H	H
c2	L	L	L	H	H	L

표 5.3.5에 따라 드라이버 회로를 구동하면 3상 입력 조합이 6가지이므로 전류의 흐름도 6가지가 존재한다. 그림 5.3.8에는 상3에 해당하는 전류 흐름을 나타내었다. a1과 a2가 모두 Low이면 Q_1이 ON 되어 A 단자를 통하여 전류가 흐른다. b1과 b2가 모두 High 이면 Q_4가 ON되어 단자 A로 들어간 전류는 단자 B를 거쳐 Q_4를 통하여 흐른다. c1과 c2는 각각 High와 Low 상태로 Q_5와 Q_6는 모두 OFF 되어 단자 C를 통해서는 전류가 흐르지 않는다.

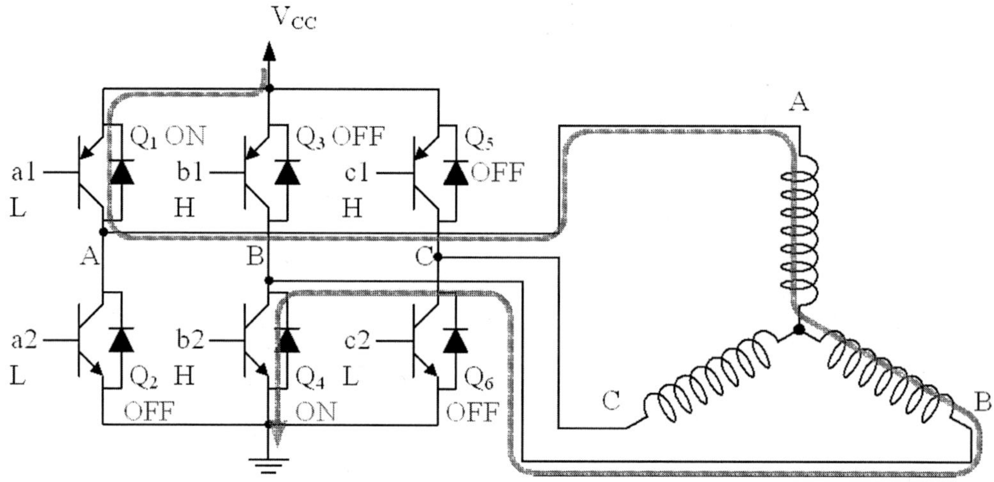

그림 5.3.8 BLDC 구동 회로에서의 전류 흐름

❏ 회전 속도의 조절

지금까지는 3상 코일의 입력단자 상태가 디지털 개념을 적용하여 High 또는 Low의 상태를 가지며, 회전을 위한 3상 코일의 입력 단자 상태는 홀센서의 상태에 따라 전환된다고 설명하였다. 스테핑 모터에서는 동일한 디지털 개념을 적용하여 코일에 흐르는 전류를 On/Off 제어하면서 상전환 시간을 조절하여 회전 속도를 가변하였지만, 지금까지 설명한 BLDC의 구동에서는 속도를 조절할 방법이 없었다. BLDC 모터의 회전 속도를 조절하기 위해서는 DC 모터에서와 마찬가지로 코일에 흐르는 전류를 조절하여 회전 토크를 제어하여야 한다. 이를 위해서 코일 단자에 인가하는 전압을 가변한다.

지금까지 코일 단자의 상태는 High와 Low 상태로 구분되었는데, 이것을 아날로그 전압으로 생각하면 모터 구동 전압 Vcc와 GND로 간주할 수 있다. 여기서 High에 해당하는 전압은 1V 낮추고 Low에 해당하는 전압은 1V 높였다고 가정하면 코일에 흐르는 전류의 방향은 변하지 않지만 전류의 양은 줄어들게 되므로 토크는 감소하게 되고 결국 회전 속도도 낮아지게 된다. 이는 아날로그 전압 대신 PWM 듀티비로도 동일하게 생각할 수 있다. 표 5.3.6에는 BLDC 모터의 속도 조절을 위한 아날로그 전압과 PWM 듀티비의 관계를 나타내었다. 아날로그 전압에서 u는 BLDC 모터에 인가되는 전압으로 간주하여 u가 크면 BLDC 모터의 회전 속도가 빠르고 u가 작으면 회전 속도가 느리다. PWM 듀티비에서 duty도 u와 동일하게 간주할 수 있다. 다만, u는 0에서 Vcc/2의 범위를 가져야 하며, duty도 동일한 개념으로 0에서 50%의 범위로 제한되어야 한다.

표 5.3.6 PWM 듀티비를 이용한 속도 조절

회전 속도	아날로그 전압		PWM 듀티비	
	High	Low	High	Low
최대 속도	Vcc	GND	100%	0%
…	Vcc/2 + u	Vcc/2 - u	50% + duty	50% - duty
정지	Vcc/2	Vcc/2	50%	50%

❑ 전압 또는 PWM 듀티비 조절에 의한 회전 방향 조절

앞 절의 표 5.3.4에서는 현재 홀센서의 상태와 회전하려는 방향에 따라 BLDC 모터의 3상 입력 단자에 인가되는 상이 다른 것으로 정리되었다. 예를 들면 표 5.3.4에서 현재 홀센서 상태가 홀상태1이었다면, 시계 방향으로 회전시키기 위해서는 상2를, 반시계 방향으로 회전시키기 위해서는 상5를 BLDC 모터의 3상 입력 단자에 인가하여야 한다. 여기서, 상2와 상5를 살펴보면 두 경우 모두 A 단자는 Hi-Z 상태이고, B/C상이 각각 High/Low이거나 Low/High 이다. 즉, 전혀 다른 입력으로 보이지만 실제로는 코일에 흐르는 전류의 방향이 바뀌어 자기장의 방향도 180도 반대인 효과로 나타난다.

또한, 표 5.3.6에서 BLDC 모터의 속도 조절을 위해 PWM 듀티비를 조절할 수 있다고 설명하면서 duty 값의 범위를 0~50%의 범위로 한정하였다. 이는 High 상태의 단자에는 50~100%, Low 상태의 단자에는 0~50%의 실질적인 듀티비를 적용하기 위한 설정이다. 만약, duty 값을 -50~0%의 범위로 설정하면 어떤 현상이 아나타날까?

다시 앞에서 살펴보던 예제로 돌아가서 현재 홀센서의 상태가 홀상태1일 때, 3상 입력 단자에는 상2의 상태를 적용하면서 duty 값은 -50%로 적용해보자. duty 값을 -50%로 적용하면 표 5.3.6에서 High는 0%, Low는 100%의 실질적인 듀티비가 적용된다. 즉, Low를 적용하려던 B 단자는 100% 듀티비인 PWM이 인가되어 실질적으로는 Vcc 전압이 되고, High를 적용하려던 C 단자는 0% 듀티비인 PWM이 인가되어 실질적으로 GND에 연결된다. 결국, 전류는 C 단자에서 B 단자로 흐르지 못하고 B 단자에서 C 단자로 흐르게 된다. 요약하면, 홀 센서의 상태에 따라서 표 5.3.4의 시계 방향에 해당하는 상을 3상 입력 단자에 적용하되, 표 5.3.6에 정리된 duty 값을 0~50%로 설정하면 시계 방향, -50~0%로 설정하면 반시계 방향으로 회전한다. 이 사항을 다시 정리하면 표 5.3.7과 같다.

표 5.3.7 회전 방향에 따른 홀상태와 3상 입력의 관계

홀센서 상태	홀상태1	홀상태2	홀상태3	홀상태4	홀상태5	홀상태6
	HLH	HLL	HHL	LHL	LHH	LLH
3상입력	상2	상3	상4	상5	상6	상1
	ZLH	HLZ	HZL	ZHL	LHZ	LZH
PWM 듀티비	H ↔ 50% + duty L ↔ 50% - duty 단, -50% 〈 duty 〈 50%					
회전방향	반시계방향(duty 〈 0%) ←					→ 시계방향(duty 〉 0%)

❑ 드라이버 IC 예시

BLDC 모터 구동을 위하여 PWM 방식을 적용할 수 있는 하프 브리지가 3개 이상 내장된 IC로 DC 모터 및 스테핑 모터 제어에서도 사용된 National Semiconductor 사의 L298 IC를 사용할 수 있다. 그림 5.3.9에는 L298 IC의 내부 구조를 나타내었다. L298 IC에는 2개의 풀 브리지 회로가 내장되어 있으므로 총 4개의 하프 브리지가 있으며, 각 하프 브리지 별로 제어 신호가 별도로 존재하므로 BLDC 모터 구동에 사용할 수 있다. 다만, 그림 5.3.9에서 확인할 수 있듯이 하나의 하프 브리지에는 한 개의 제어 신호만이 있고, 이 제어 신호가 위 아래 트랜지스터에 모두 연결되어 있다. 결국, 하프 브리지의 2개 트랜지스터 중 1개는 반드시 ON 상태로 존재하게 된다. 하지만 BLDC 모터의 구동을 위해서는 단자의 상태를 High, Low, 또는 Hi-Z 상태로 제어할 수 있어야 하므로 그림 2.3.7에서와 같이 하나의 하프 브리지를 구성하는 트랜지스터의 제어 신호가 각각 존재하여야 한다. 이러한 제한 조건은 Hi-Z 상태 대신 50% 듀티비의 PWM 신호를 인가함으로써 해결이 가능하다.

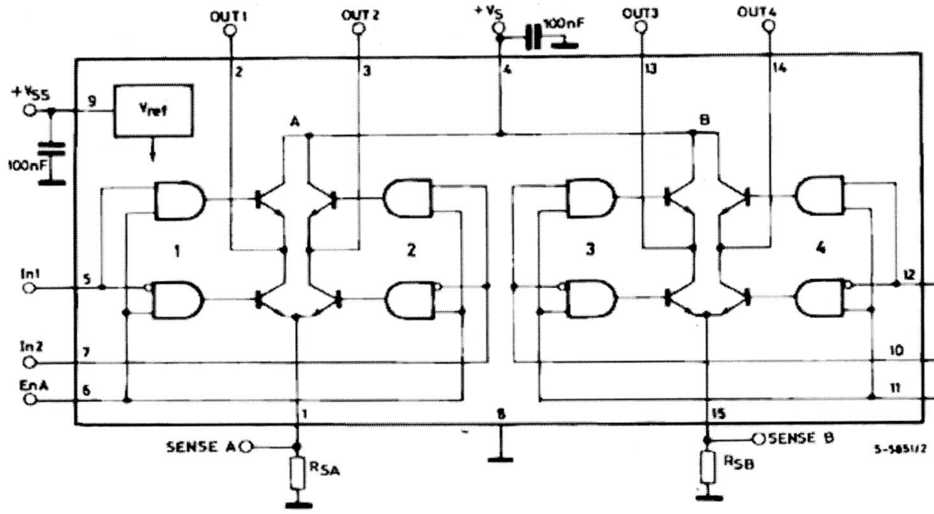

그림 5.3.9 National Semiconductor 사의 L298 H-브리지

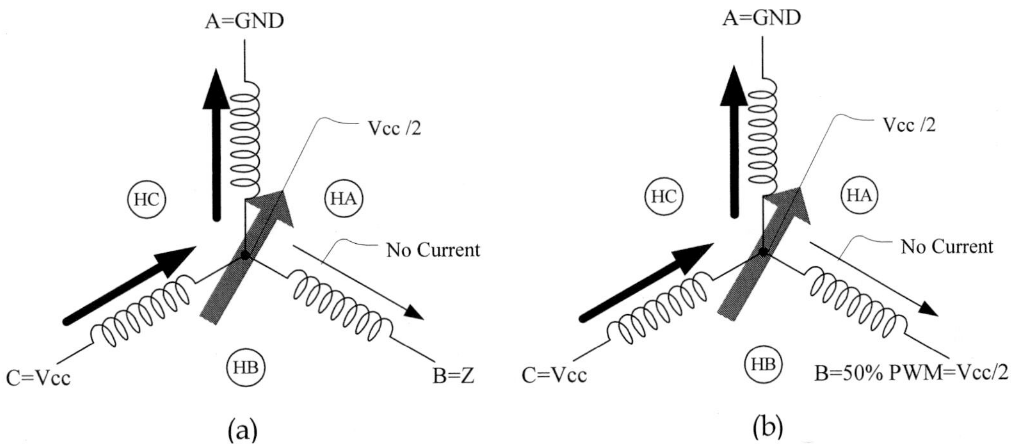

그림 5.3.10 Hi-Z와 50% PWM의 동작 비교

그림 5.3.10에는 단자의 상태를 Hi-Z 상태로 설정한 경우와 50% 듀티비의 PWM을 적용한 경우를 비교하였다. BLDC 모터를 구동할 때, 전류는 2개의 코일을 통하여 흐른다. 따라서, 그림 5.3.10 (a)에 나타낸 것처럼 중성점의 전압은 Vcc/2가 된다. 50% 듀티비의 PWM 신호는 아날로그 전압으로는 Vcc/2에 해당하므로 그림 5.3.10 (b)에서처럼 B 단자의 코일 양단에 전위차가 발생하지 않으므로 전류가 흐르지 않는다. 따라서 Hi-Z 상태는 50% 듀티비의 PWM으로 대치가 가능하다.

5.4 BLDC 모터 제어를 위한 FPGA 활용

지금까지 BLDC 모터의 구조 및 구동 원리, 그리고 구동 회로 등에 대하여 살펴보았다. DC 모터의 기계적 정류자 대신 BLDC 모터에 필요한 전기적 방식의 정류자를 구현하면 BLDC 모터의 오픈루프 제어를 수행할 수 있다. 아울러 엔코더 등의 회전 각도를 감지할 수 있는 센서를 장착하면 DC 모터에서와 마찬가지로 피드백 제어를 적용할 수도 있다. BLDC 모터에서는 모터 구동에 사용하기 위한 홀 센서가 내장되므로 요구되는 제어 정밀도가 높지 않은 경우에는 홀 센서 신호를 엔코더 신호처럼 활용하여 회전 각도를 알아낼 수 있다.

본 절에서는 BLDC 모터 제어를 위한 FPGA의 활용 방법에 대하여 다룬다. 전기적 정류자에 해당하는 디지털 회로와 홀 센서 신호로부터 회전 각도를 알아내는 기능을 FPGA로 구현하면 BLDC 모터는 더 이상 DC 모터와 구별되지 않는다. 따라서 나머지 피드백 제어에 관한 제어 구조 및 MCU를 활용하는 방법은 DC 모터에서와 동일하다.

5.4.1 FPGA를 이용한 전기적 정류자 구현

BLDC 모터의 구동에 필요한 전기적 정류자 기능은 홀 센서 상태로부터 3상 입력 단자에 인가할 전압 파형을 생성하는 기능이다. 이 때, FPGA의 전기적 정류자와 BLDC 모터 사이에는 BLDC 모터 드라이버가 위치하므로 FPGA에서는 모터 드라이버 회로의 제어 신호까지만 생성하면 된다. 입력되는 홀 센서 신호의 조합에 대한 출력 신호는 표 5.3.7의 내용을 사용하되, PWM 구동을 적용하여 회전 속도를 가변한다. 그림 5.4.1에는 FPGA를 이용한 전기적 정류자의 블록선도를 나타내었으며, 그림에 포함된 신호 및 블록의 설명은 다음과 같다.

- MCLK : PWM 생성기에 사용하는 마스터 클럭으로 모든 블록은 MCLK에 동기된 동기식 설계를 기본으로 함.
- PWM Val. : PWM 생성기에서 사용하는 12 bit 입력으로 0x000~0xFFF의 입력 범위를 가짐.
- Driver Control Signal : 그림 5.3.7의 드라이버 회로에 입력되는 6개의 제어 신호.
- Hall Sensor : BLDC 모터에서 출력되는 3개의 홀 센서 신호로 60도 단위의 회전자 위치 반영됨.
- 12 bit PWM Generator : 12 bit 해상도를 가지는 PWM 생성기

■ Commutator : 홀 센서 신호를 반영하여 드라이버 회로의 6개 제어 신호를 생성하는 블록.

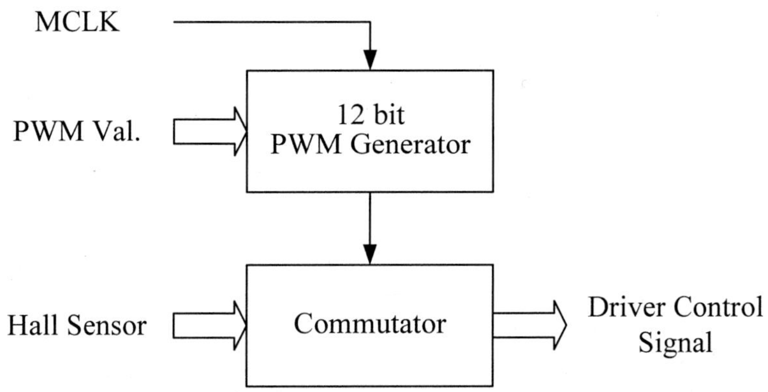

그림 5.4.1 전기적 정류자 블록선도

❑ Commutator의 동작

Commutator 블록은 전기적 정류자의 핵심 블록으로 표 5.3.7의 매핑 테이블을 구현하여야 한다. 아울러 PWM 생성기의 출력인 PWM 신호를 최종 제어 신호에 반영하여야 한다. Commutator 블록의 입출력 파형을 예시하면 그림 5.4.2와 같다.

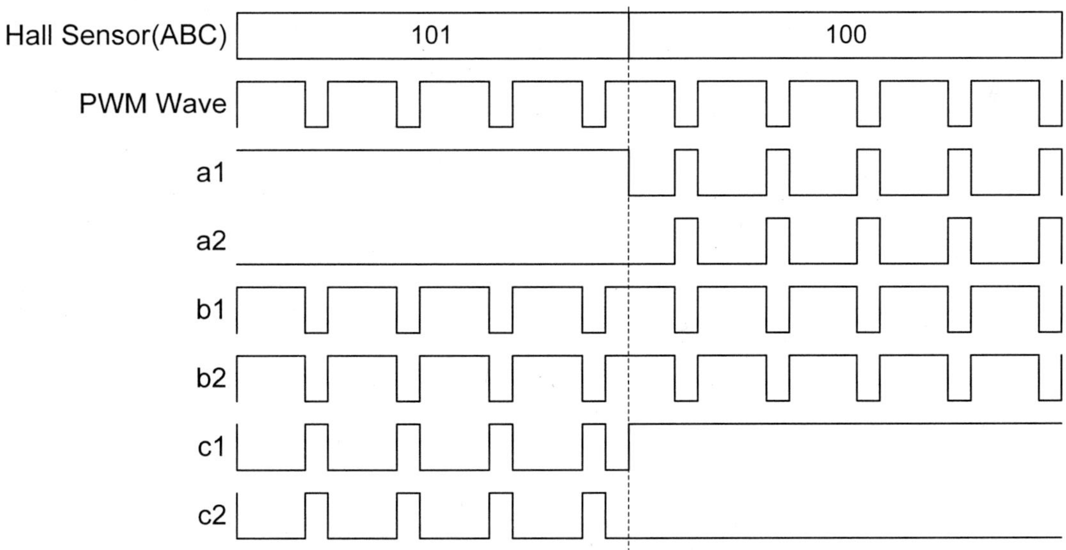

그림 5.4.2 전기적 정류자 블록의 입출력 파형

표 5.3.7의 매핑 테이블에 PWM 신호를 적용하기 위해서는 다음의 간단한 규칙을 적용한다.

- BLDC 입력단자 상태 H : 입력되는 PWM 파형을 역상으로 반전하여 해당 제어 신호 1, 2에 출력.
- BLDC 입력단자 상태 L : 입력되는 PWM 파형을 그대로 해당 제어 신호 1, 2에 출력.
- BLDC 입력단자 상태 Z : 하프 브리지의 두 트랜지스터를 모두 OFF하기 위하여 제어 신호 1은 High, 제어 신호 2는 Low로 출력.

그림 5.4.2에서는 홀 센서 상태가 HLH에서 HLL로 변경되는 상태를 예시하였다. 표 5.3.7에 의하면 홀 센서 상태 HLH에서는 BLDC 3상 입력 단자를 상2인 ZLH로 설정하여야 한다. 여기에 위에 언급한 3가지 규칙을 적용하면 다음과 같이 설명되며, HLL의 홀센서 상태에 대해서도 동일한 방식으로 설명된다.

- 입력단자 A : Z 상태이므로 a1은 High, a2는 Low.
- 입력단자 B : L 상태이므로 b1과 b2에는 입력 PWM 파형을 그대로 출력.
- 입력단자 C : H 상태이므로 c1과 c2에는 입력 PWM 파형을 역상으로 반전하여 출력.

❑ FPGA RTL 코딩

지금까지 설명한 Commutator 기능을 FPGA로 구현하기 위한 Verilog 코드는 다음과 같다. PWM 생성기는 이전에 설명하였으므로 여기서는 이미 구현된 PWM 생성기에서 생성된 PWM 신호를 입력으로 활용하여 구현한다.

```
module COMMUTATOR (
    iPWM,
    iHall,

    oA,
    oB,
    oC
);
```

```
input         iPWM;
input   [2:0] iHall;

output  [2:1] oA;
output  [2:1] oB;
output  [2:1] oC;

reg     [2:1] oA;
reg     [2:1] oB;
reg     [2:1] oC;


always @(iPWM or iHall)
begin
   case(iHall[2:0])
        3'b101    : begin
            oA[1] <= 1'b1;
            oA[2] <= 1'b0;
            oB[1] <= iPWM;
            oB[2] <= iPWM;
            oC[1] <= ~iPWM;
            oC[2] <= ~iPWM;
        end
        3'b100    : begin
            oA[1] <= ~iPWM;
            oA[2] <= ~iPWM;
            oB[1] <= iPWM;
            oB[2] <= iPWM;
            oC[1] <= 1'b1;
            oC[2] <= 1'b0;
        end
        3'b110    : begin
            oA[1] <= ~iPWM;
            oA[2] <= ~iPWM;
            oB[1] <= 1'b1;
            oB[2] <= 1'b0;
            oC[1] <= iPWM;
            oC[2] <= iPWM;
        end
        3'b010    : begin
            oA[1] <= 1'b1;
            oA[2] <= 1'b0;
```

```
            oB[1] <= ~iPWM;
            oB[2] <= ~iPWM;
            oC[1] <= iPWM;
            oC[2] <= iPWM;
        end
        3'b011    : begin
            oA[1] <= iPWM;
            oA[2] <= iPWM;
            oB[1] <= ~iPWM;
            oB[2] <= ~iPWM;
            oC[1] <= 1'b1;
            oC[2] <= 1'b0;
        end
        3'b001    : begin
            oA[1] <= iPWM;
            oA[2] <= iPWM;
            oB[1] <= 1'b1;
            oB[2] <= 1'b0;
            oC[1] <= ~iPWM;
            oC[2] <= ~iPWM;
        end
        default   : begin
            oA[1] <= 1'b1;
            oA[2] <= 1'b0;
            oB[1] <= 1'b1;
            oB[2] <= 1'b0;
            oC[1] <= 1'b1;
            oC[2] <= 1'b0;
        end
    endcase
end

endmodule
```

5.4.2 FPGA를 이용한 홀센서 카운터 구현

DC 모터에서와 마찬가지로 BLDC 모터에서도 피드백 제어를 구현하기 위해서는 회전자의 회전 각도를 측정하여야 한다. DC 모터에서는 엔코더가 가장 대표적인 각도 측정 센서인데, BLDC 모터에서도 동일하게 사용하여 피드백 제어를 수행할 수 있다.

BLDC 모터에서는 엔코더를 장착하지 않아도 회전자의 회전 각도를 측정할 수 있는 센서가 이미 모터 내부에 내장되는데, 전기적 정류자의 구현을 위해 사용되는 홀센서이다. 3개의 홀센서가 사용되어 120도 위상차를 가지고 출력되며, 회전자 1회전당 1 주기가 출력된다. 물론 회전자 1회전당 2 주기 이상 신호가 출력되는 BLDC 모터도 존재하지만 본 교재에서는 1 회전당 1 주기가 출력되는 것으로 제한한다. 이 홀센서 신호를 정류자 구현을 위하여 사용함과 동시에 홀센서 파형 개수를 카운트하면 회전자의 회전 각도를 측정할 수 있다. 동작 구조 및 원리는 이전에 살펴본 엔코더 카운터에서와 동일하다. 다만, 엔코더에서의 2상 신호가 아닌 홀센서는 3상 신호이므로 회전 방향 검출기 회로가 수정되어야 한다. 그림 5.4.3에는 엔코더 카운터 회로에서 수정된 홀센서 카운터 회로의 블록선도를 나타내었다.

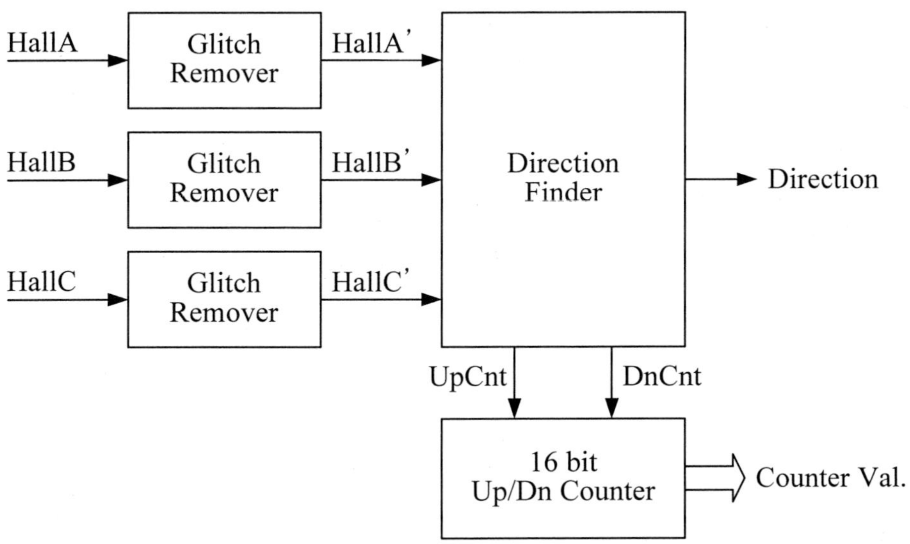

그림 5.4.3 홀센서 카운터 회로의 블록선도

❑ 회전 방향 검출기(Direction Finder)

회전 방향 검출기의 입력이 기존의 2개에서 3상 홀센서 신호를 반영하여 3개로 증가하였다. 이를 반영한 상태도를 그림 5.4.4에 나타내었다. 여기서는 홀센서의 분해능을 60로 확보하기 위하여 3 신호의 posedge와 negedge를 모두 카운트하는 6체배를 적용하였다.

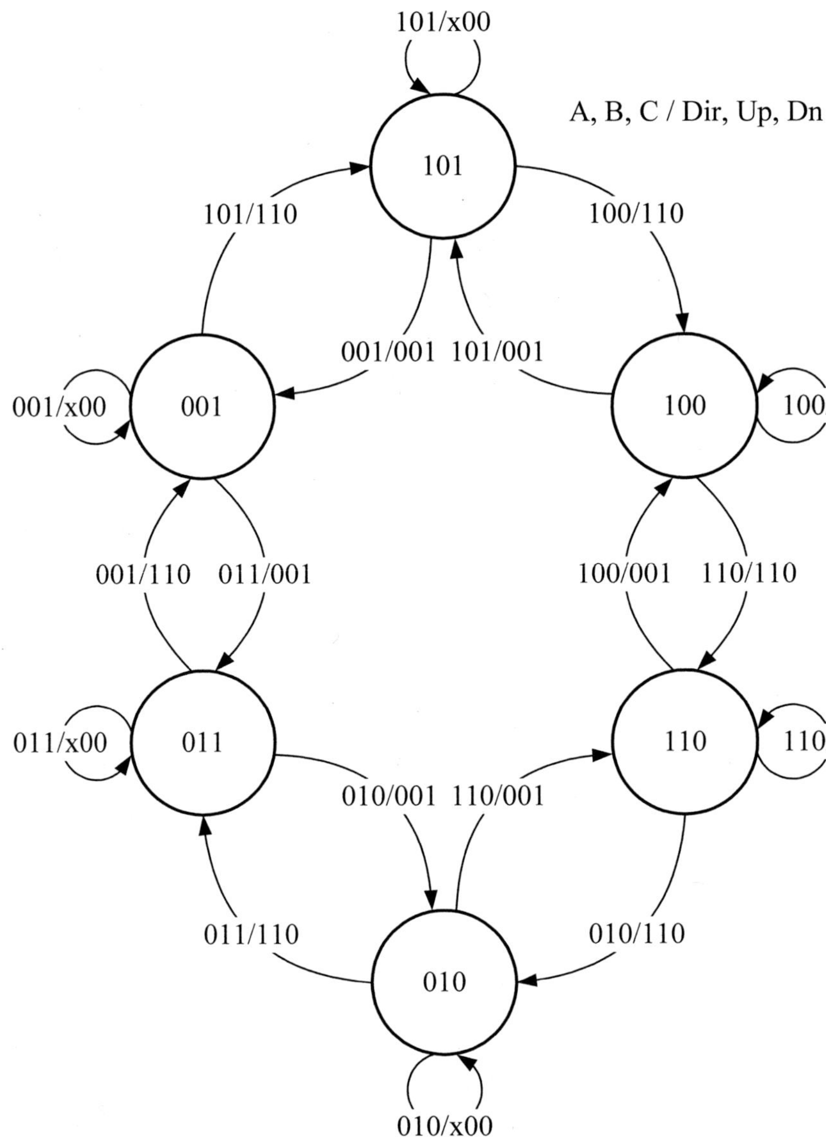

그림 5.4.4 회전 방향 검출기 상태도(6체배)

그림 5.4.5에는 홀센서 신호 A, B, C 입력에 대하여 회전 방향 검출기의 내부 상태와 출력 신호, 그에 따른 카운터 값의 변화를 나타내었다. UpCnt 펄스는 그림 5.4.4의 상태도에서 내부 상태가 시계 방향으로 이동할 때만 발생하는데, 이것은 A상이 B상보다, B상이 C상보다 120도 위상이 앞선 경우이며, 이 때 카운터 값이 1씩 증가한다. 반대의 경우는 카운터 값이 1씩 감소한다. 6체배를 적용하였으므로 카운터 값은 입력 신호가 바뀔 때마다 증가 및 감소하는 것을 확인할 수 있다.

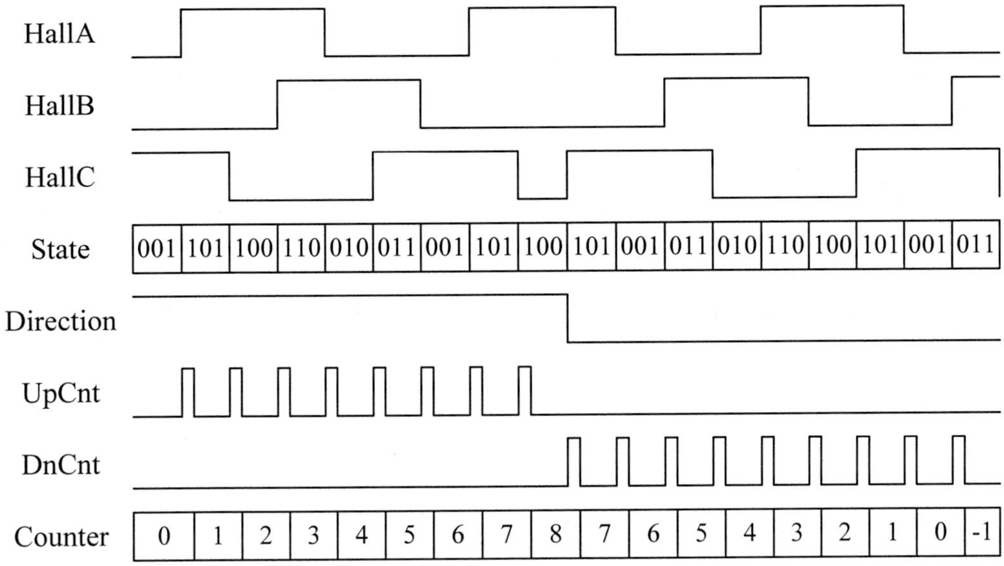

그림 5.4.5 홀센서 카운터의 동작 파형

❑ FPGA RTL 코딩

지금까지 설명한 홀센서 카운터 기능을 FPGA로 구현하기 위한 Verilog 코드는 다음과 같다. 기존 엔코더 카운터에서 회전 방향 감지기 부분이 수정되었다.

```
module HALLCNT (
    inRESET,                    // Active Low Reset
    iMCLK,                      // Master clock
    iHALLA,                     // Hall Sensor A
    iHALLB,                     // Hall Sensor B
    iHALLC,                     // Hall Sensor C

    oDIR,                       // Direction
    oPOSCNT                     // Up/Dn Counter
);

input           inRESET;
input           iMCLK;
input           iHALLA;
input           iHALLB;
input           iHALLC;
```

```
output          oDIR;
output  [15:0]  oPOSCNT;

reg             rHALLAz;
reg             rHALLBz;
reg             rHALLCz;
reg             rHALLAz2;
reg             rHALLBz2;
reg             rHALLCz2;
reg             rHALLAz3;
reg             rHALLBz3;
reg             rHALLCz3;

reg     [2:0]   rDirSt;
reg             rDir;
reg             rUpPul;
reg             rDnPul;

reg     [15:0]  rHallCount;

wire    [2:0]   wHALLABC;

always @(posedge iMCLK)      // Synchronizer
begin
   rHALLAz <= iHALLA;
   rHALLBz <= iHALLB;
   rHALLCz <= iHALLC;

   rHALLAz2 <= rHALLAz;
   rHALLBz2 <= rHALLBz;
   rHALLCz2 <= rHALLCz;

   rHALLAz3 <= rHALLAz2;
   rHALLBz3 <= rHALLBz2;
   rHALLCz3 <= rHALLCz2;
end

assign wHALLABC[2:0] = {rHALLAz3, rHALLBz3, rHALLCz3};

always @(negedge inRESET or posedge iMCLK)      // Dir Finder State Machine
begin
   if(~inRESET) begin
```

```
        rDirSt[2:0] <= 3'b101;
        rDir <= 1'b0;
        rUpPul <= 1'b0;
        rDnPul <= 1'b0;
    end
    else begin
        rDirSt[2:0] <= wHALLABC[2:0];

        case(rDirSt[2:0])
            3'b101   :
                if (wHALLABC == 3'b100) begin
                    rDir <= 1'b1;
                    rUpPul <= 1'b1;
                end
                else if (wHALLABC == 3'b001) begin
                    rDir <= 1'b0;
                    rDnPul <= 1'b1;
                end
                else begin
                    rUpPul <= 1'b0;
                    rDnPul <= 1'b0;
                end
            3'b100   :
                if (wHALLABC == 3'b110) begin
                    rDir <= 1'b1;
                    rUpPul <= 1'b1;
                end
                else if (wHALLABC == 3'b101) begin
                    rDir <= 1'b0;
                    rDnPul <= 1'b1;
                end
                else begin
                    rUpPul <= 1'b0;
                    rDnPul <= 1'b0;
                end
            3'b110   :
                if (wHALLABC == 3'b010) begin
                    rDir <= 1'b1;
                    rUpPul <= 1'b1;
                end
                else if (wHALLABC == 3'b100) begin
                    rDir <= 1'b0;
```

```
            rDnPul <= 1'b1;
        end
        else begin
            rUpPul <= 1'b0;
            rDnPul <= 1'b0;
        end
    3'b010   :
        if (wHALLABC == 3'b011) begin
            rDir <= 1'b1;
            rUpPul <= 1'b1;
        end
        else if (wHALLABC == 3'b110) begin
            rDir <= 1'b0;
            rDnPul <= 1'b1;
        end
        else begin
            rUpPul <= 1'b0;
            rDnPul <= 1'b0;
        end
    3'b011   :
        if (wHALLABC == 3'b001) begin
            rDir <= 1'b1;
            rUpPul <= 1'b1;
        end
        else if (wHALLABC == 3'b010) begin
            rDir <= 1'b0;
            rDnPul <= 1'b1;
        end
        else begin
            rUpPul <= 1'b0;
            rDnPul <= 1'b0;
        end
    3'b001   :
        if (wHALLABC == 3'b101) begin
            rDir <= 1'b1;
            rUpPul <= 1'b1;
        end
        else if (wHALLABC == 3'b011) begin
            rDir <= 1'b0;
            rDnPul <= 1'b1;
        end
        else begin
```

```
                        rUpPul  <=  1'b0;
                        rDnPul  <=  1'b0;
                    end
                default          : ;
            endcase
        end
    end

    always @(negedge inRESET or posedge iMCLK)          // Up/Dn Counter
    begin
        if(~inRESET) begin
            rHallCount[15:0]  <=  16'h0000;
        end
        else begin
            if(rUpPul && (rHallCount[15:0] != 16'h7FFF)) begin
                rHallCount[15:0]  <=  rHallCount[15:0] + 16'h0001;
            end
            else if(rDnPul && (rHallCount[15:0] != 16'h8000)) begin
                rHallCount[15:0]  <=  rHallCount[15:0] - 16'h0001;
            end
        end
    end

    assign oDIR = rDir;
    assign oPOSCNT[15:0] = rHallCount[15:0];

    endmodule
```

부록 : Verilog 활용

1. Verilog HDL의 기본 개념
2. Verilog HDL을 이용한 RTL 코딩
3. 동기식 설계 및 레지스터 전달 표현

아주 오래전 과거에는 디지털 논리 회로를 설계하는 방법으로 논리 게이트를 연결하여 회로도 형식으로 작성하는 방법이 활용되었다. 게이트 수가 몇 개 안되는 상황에서는 이 방법이 효과적일 수 있지만 게이트 수가 증가하면 복잡도가 증가하여 회로도 형식으로는 설계가 불가능하다.

HDL(Hardware Description Language)는 디지털 회로를 회로도가 아닌 텍스트 코드로 표현하는 방법으로 VHDL과 Verilog를 가장 널리 사용되는 언어이다. FPGA를 활용한 디지털 회로 구현에서는 두 가지 언어를 모두 사용할 수 있다.

HDL은 소프트웨어 프로그래밍 언어와 문법적으로는 매우 유사하지만, 동시성과 병렬성이라는 큰 차이가 존재한다. 단적으로 예를 들면, 소프트웨어 프로그래밍 언어는 한 시점에 한 부분만 실행되어 순차적으로 실행된다. 통상적으로 소스코드 파일에서 윗줄에 작성된 부분이 아랫줄에 작성된 코드보다 먼저 실행된다. 하지만 HDL에서는 소스코드 파일의 모든 코드가 동시에 실행된다. 소스코드 파일의 위에 배치하거난 아래에 배치하는 것이 전혀 동작에 영향을 미치지 않는다. 본 부록에서는 Verilog HDL의 기본 문법 및 간단한 활용 방법을 소개한다.

1. Verilog HDL의 기본 개념

Verilog HDL의 문법은 C 문법과 상당히 유사하다. 기본 문법에 대하여 몇 가지로 구분하여 설명한다. Verilog의 전체 문법 중 주로 사용되는 내용만 정리한다.

1.1 기본 문법

☐ 기본 사항

- Verilog에서는 대소문자를 구별
- 문자열 외의 공백은 무시
- 특별한 경우를 제외하고 명령라인 끝에 세미콜론(;) 필요
- 주석 처리는 C 언어 문법과 동일(//, 또는 /* 와 */)

☐ 수의 표현

- 포맷 : 〈비트 수〉〈형식〉〈숫자〉
- 비트 수 : 숫자를 나타내는 비트 수
- 형식 : 10진수('d 또는 'D), 16진수('h 또는 'H), 8진수('o 또는 'O), 2진수('b

또는 'B)

- 비트 수가 생략되면 통상 32 비트
- 형식이 없으면 기본적으로 10진수
- 숫자에 포함된 x 또는 X: unknown
- 숫자에 포함된 z 또는 Z: Hi-Z 상태
- 가독성을 높이기 위하여 숫자 중간에 언더스코어(_) 사용 가능

```
4'b1000         // 4비트 2진수 1000
2'h1F           // 8비트 16진수 1F
100             // 32비트 10진수 100
16'h123Z        // 16비트 16진수 중 상위 12비트는 123, 하위 4비트는 Hi-Z
32'h1234_5678   // 32비트 16진수 12345678(_는 가독성용)
```

❑ 키워드와 식별자

- 키워드 : 언어 구조의 정의를 위하여 미리 예약된 용어
- 식별자 : 객체를 참조하기 위하여 객체에 주어진 이름

```
input   mclk;   // input은 키워드, mclk는 식별자
wire    abcd;   // wire는 키워드, abcd는 식별자
```

1.2 데이터 타입

❑ 넷(Nets)

- 하드웨어 요소와 요소 사이의 연결.
- 넷을 구현하는 키워드로 wire, tri 등 많으나 주로 wire 사용.
- wire 키워드로 식별자를 선언한 후 사용하여야 함.

❑ 레지스터

- 데이터를 저장할 수 있는 데이터 타입으로 reg 키워드 사용.
- 데이터를 기억한다는 관점에서 하드웨어 플립플롭과 유사하지만, 값을 저장할 수 있는 변수로 이해하여야 함.
- 실제로 플립플롭으로 합성되는 경우가 많지만, 그렇지 않은 경우도 있음.

❑ 벡터

- wire와 reg 등의 객체를 1 비트가 아닌 여러 비트로 구성하는 방법
- 선언할 때 : 키워드와 식별자 사이에 비트 범위를 [xx:yy]의 형태로 명시
- xx 〉 yy 또는 xx 〈 yy 모두 가능하며, xx가 최상위이고 yy가 최하위 비트
- 참조할 때 : 비트 범위를 식별자 뒤에 [aa:bb] 또는 [cc] 형태로 명시
- 비트 범위 명시하지 않으면 선언된 모든 비트를 지칭

```
input   [7:0] DBus;        // DBus는 8비트의 입력
wire    [15:0]alpha;       // alpha는 16비트의 wire
reg     [4:7] beta;        // beta는 4비트의 reg

DBus          // DBus를 사용할 때 비트 범위 지정하지 않으면 비트 전체를 지칭
alpha[7:0]    // alpha의 16비트 중 하위 8비트만 지칭
beta[4]       // beta의 특정 비트 하나만 지칭
```

❑ 정수

- 카운터에서 카운트 값을 저장하는 용도로 주로 활용.
- integer 키워드로 사용되며, reg를 사용해도 됨.
- 비트 수를 명시하지 않으며, 통상 32비트로 선언됨.

❑ 배열

- C 문법에서 배열과 동일한 개념
- reg와 integer 등에서 활용
- 1차원 배열만 존재함
- 선언할 때 : 식별자 뒤에 배열 범위를 [xx:yy]의 형태로 명시
- xx 〉 yy 또는 xx 〈 yy 모두 가능
- 벡터는 n 비트짜리 하나의 원소인 반면 배열은 n 비트짜리 m개의 원소
- 참조할 때 : 몇 번째 원소인지 명시하여야 함

```
integer            cnt[9:0];       // cnt는 10개의 정수 배열
reg     [3:0] delta[31:0];         // delta는 32개의 4비트짜리 reg 배열

cnt[4]                             // 10개의 cnt 원소 중 4번째 원소
delta[7]                           // 4비트 32개의 cnt 원소 중 7번째 원소
```

1.3 컴파일러 지시어

❑ 컴파일

- Verilog도 C 프로그래밍과 마찬가지로 소스코드 작성 후, 컴파일하여야 함.
- C 프로그래밍의 전처리기와 유사한 컴파일러 지시어가 있음.

❑ `define

- C 프로그래밍에서 #define과 유사
- `는 백틱(키보드 자판에서 숫자 1의 좌측 자판)
- 선언할 때 : `define 〈선언명〉 〈선언내용〉 의 문법 사용
- 사용할 때 : 〈선언명〉 앞에 `를 붙여서 사용하면 컴파일 전에 〈선언내용〉으로 대치됨

```
`define      MyDefine100       // MyDefine을 100으로 정의

`MyDefine                      // 사용할 때
```

❑ `include

- C 프로그래밍에서 #include와 유사
- 하나의 Verilog 소스 파일에서 다른 소스 파일의 내용을 컴파일 하는 동안 포함하도록 지시

1.4 모듈과 포트

❑ 모듈(Module)

- Verilog에서 모듈은 기본적인 설계 블록 단위이며, 모듈 단위의 계층적 모델링을 적용.
- 차이는 있지만 C 프로그래밍에서 함수와 유사.
- 모듈의 선언은 module 〈모듈명〉 〈(포트 리스트)〉;의 형태로 시작하여 endmodule로 끝나야 함.

❑ 포트(Port)

- 모듈의 입출력 단자를 의미.
- 입력 포트(input), 출력 포트(output) 그리고 양방향 입출력 포트(inout)의 3가지 종류.
- 모듈 선언에 포함된 포트 리스트에 대하여 각각 해당하는 포트로 선언하여야 함.
- 포트로 선언된 것은 기본적으로 wire로 선언됨.
- 출력 포트는 reg로 변경 가능하며, 변경 필요한 포트는 reg 키워드와 포트 선언에 사용된 동일한 식별자로 선언하여야 함.

❑ 예제1

- 3개의 입력을 AND 오퍼레이션하여 출력하는 모듈 MyAND 모듈과 포트 선언 예시.

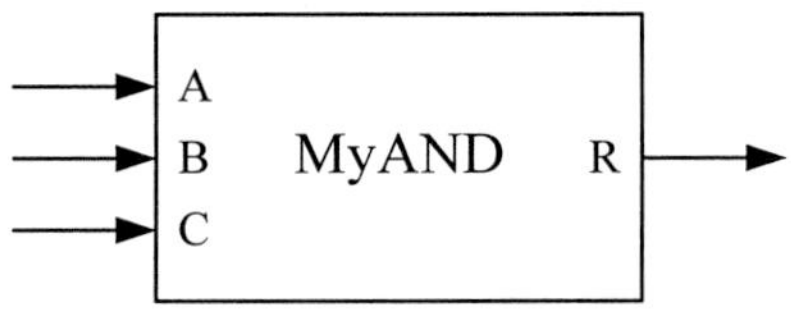

그림 1. 3 input AND 게이트

```
module MyAND(A, B, C, R);
input       A, B, C;
output      R;

// 3 input 1 output and 게이트 동작을 기술하는 부분

endmodule
```

❑ 예제2

- reset 기능이 포함된 DFF인 MyDFF의 모듈과 포트 선언 예시.

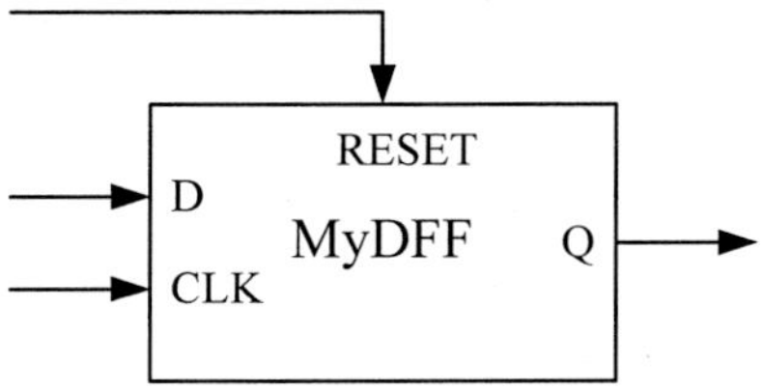

그림 2. 리셋 포함 DFF

```
module MyDFF(RESET, CLK, D, Q);
input       RESET, CLK, D;
output      Q;

reg         Q;

// Reset 기능이 포함된 DFF의 동작을 기술하는 부분

endmodule
```

1.5 계층적 설계

❑ 파생

- C 프로그래밍에서도 함수를 선언한 후 그 함수를 사용하기 위해서는 다른 함수에서 호출하여야 함.
- CPP 프로그래밍에서도 클래스를 선언한 후 그 클래스를 사용하기 위해서는 해당 클래스를 파생하여 객체로 선언 후 사용함.
- Verilog에서도 이미 정의된 모듈을 다른 모듈에서 객체로 파생하여 사용.
- 문법 : 〈모듈명〉 〈식별자〉(포트 연결).

❑ 포트 연결에 관한 규칙

- 포트는 모듈 내부와 외부를 연결하는 기능.
- 하나의 모듈(모듈1)이 다른 모듈(모듈2)에서 객체로 파생될 때, 포트 연결에 관한 규칙이 지켜져야 함.
- 모듈1의 입력 포트(input) : 입력 포트는 모듈1의 내부에서는 wire. 모듈2의 wire 또는 reg를 연결 가능.
- 모듈1의 출력 포트(output) : 출력 포트는 모듈1의 내부에서는 wire 또는 reg. 모듈2의 wire에 연결되어야 함.

■ 모듈1의 입출력 포트(inout) : 입출력 포트는 모듈1의 내부에서 wire. 모듈2의 wire에 연결되어야 함.
■ 포트의 비트 수 : 포트 내부와 외부 비트 수는 일치하여야 함.

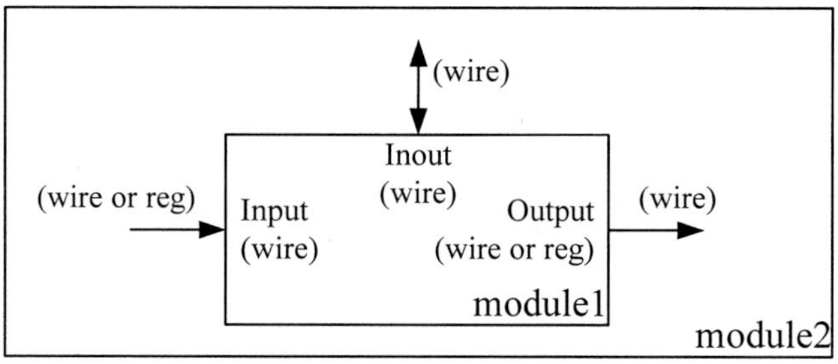

그림 3. 계층적 설계에서 포트 연결 규칙

■ 위치에 의한 연결 : 파생되는 모듈의 포트 리스트 순서와 동일한 순서로 연결. 순서가 잘못되면 오류가 발생.
■ 이름에 의한 연결 : 파생되는 모듈의 포트 이름과 외부 신호 이름을 명시적으로 표현.

❑ 예제3

■ 앞의 예제 1과 예제 2를 사용하여 3개의 입력을 AND 한 결과를 DFF에 저장하는 MyTOP 모듈 예시.
■ MyTOP 모듈은 상위 모듈이고, MyAND와 MyDFF 모듈은 하위 모듈.
■ MyTOP 모듈에서 MyAND와 MyDFF 모듈을 파생하여 각각 myand와 mydff 라는 식별자를 가지는 객체 선언.
■ MyTOP 모듈에서는 MyAND 모듈과 MyDFF 모듈의 내부는 정확히 몰라도 상관 없으며, 하위 모듈의 입출력 포트에 대한 정보를 바탕으로 포트를 연결함.
■ iA는 MyTOP 모듈의 입력이고, 이것을 MyAND 모듈의 A 입력에 연결.
■ 아래 Verilog 예제 소스에서는 위치에 의한 연결 방식과 이름에 의한 연결 방식을 모두 예시함. 결과는 동일함.

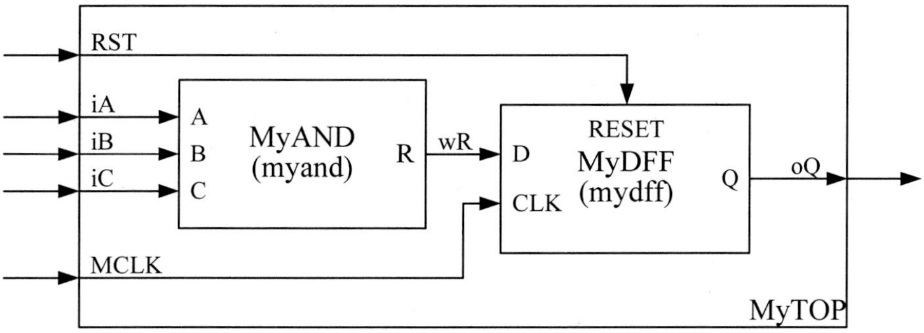

그림 4. 3 input AND와 DFF 이용한 MyTOP 모듈

```
module MyTOP(RST, MCLK, iA, iB, iC, oQ);
input       RST, MCLK;
input       iA, iB, iC;
output      oQ;

wire        wR;

                                      // 위치에 의한 연결
MyAND myand(iA, iB, iC, wR);          // MyAND 파생 및 연결
MyDFF mydff(RST, MCLK, wR, oQ);       // MyDFF 파생 및 연결

endmodule
```

```
module MyTOP(RST, MCLK, iA, iB, iC, oQ);
input       RST, MCLK;
input       iA, iB, iC;
output      oQ;

wire        wR;

                                                            // 이름에 의한 연결
MyAND myand(.A(iA), .B(iB), .C(iC), .R(wR));                // MyAND 파생 및 연결
MyDFF mydff(.RESET(RST), .CLK(MCLK), .D(wR), .Q(oQ));       // MyDFF 파생 및 연결

endmodule
```

2. Verilog HDL을 이용한 RTL 코딩

Verilog HDL을 이용하여 디지털 회로를 모델링하는 방법은 추상화 수준에 따라 크게 4가지로 분류된다.

- 행위 수준 모델링(Behavioral level modeling) : 인간의 사고에 가장 가까운 표현 방법으로 C 프로그래밍과 매우 유사한 가장 상위 수준의 모델링 방법.
- 데이터 플로우 수준 모델링(Dataflow level modeling) : 데이터의 흐름을 명백히 표현하는 방법으로 연산자를 사용한 연속할당문이 대표적임.
- 게이트 수준 모델링(Gate level modeling) : 논리 게이트와 플립플롭 등을 연결하는 방식으로 표현하는 방식.
- 스위치 수준 모델링(Switch level modeling) : Verilog에서 제공하는 추상화의 가장 하위 수준으로 활용 빈도가 매우 적음.

위 4개의 추상화 수준은 혼용하여 사용하는 것이 가능하다. 실제로 Verilog HDL을 이용한 디지털 회로의 설계를 RTL(Register Transfer Level)코딩이라는 용어로 설명하는데, 이는 데이터 플로우 수준과 행위 수준 모델링 방법을 섞어서 사용하는 방식이다.

2.1 연산자

❑ Verilog HDL의 연산자

- 9가지 형태의 연산자로 요약.
- 표 1에 Verilog HDL의 명령어를 요약하였음.
- 대부분 C 프로그래밍에서 사용하는 연산자와 동일한 기능.
- C 문법과 다른 연산자만 설명함.

표 1. Verilog HDL의 연산자

<table>
<tr><th>연산자 형태</th><th>연산자 기호</th><th>연산자 기능</th><th>피연산자 수</th></tr>
<tr><td rowspan="5">산술 연산자</td><td>*</td><td>곱셈</td><td>2</td></tr>
<tr><td>/</td><td>나눗셈</td><td>2</td></tr>
<tr><td>+</td><td>덧셈</td><td>2</td></tr>
<tr><td>-</td><td>뺄셈</td><td>2</td></tr>
<tr><td>%</td><td>나머지</td><td>2</td></tr>
<tr><td rowspan="3">논리 연산자</td><td>!</td><td>논리 not</td><td>1</td></tr>
<tr><td>&&</td><td>논리 and</td><td>2</td></tr>
<tr><td>| |</td><td>논리 or</td><td>2</td></tr>
<tr><td rowspan="4">관계 연산자</td><td>〉</td><td>크다</td><td>2</td></tr>
<tr><td>〈</td><td>작다</td><td>2</td></tr>
<tr><td>〉=</td><td>크거나 같다</td><td>2</td></tr>
<tr><td>〈=</td><td>작거나 같다</td><td>2</td></tr>
<tr><td rowspan="4">등가 연산자</td><td>==</td><td>같다</td><td>2</td></tr>
<tr><td>!=</td><td>다르다</td><td>2</td></tr>
<tr><td>===</td><td>같다(x와 z 포함)</td><td>2</td></tr>
<tr><td>!==</td><td>다르다(x와 z 포함)</td><td>2</td></tr>
<tr><td rowspan="5">비트 연산자</td><td>~</td><td>비트단위 not</td><td>1</td></tr>
<tr><td>&</td><td>비트단위 and</td><td>2</td></tr>
<tr><td>|</td><td>비트단위 or</td><td>2</td></tr>
<tr><td>·</td><td>비트단위 xor</td><td>2</td></tr>
<tr><td>·~ or ~·</td><td>비트단위 xnor</td><td>2</td></tr>
<tr><td rowspan="6">축소 연산자</td><td>&</td><td>축소 and</td><td>1</td></tr>
<tr><td>~&</td><td>축소 nand</td><td>1</td></tr>
<tr><td>|</td><td>축소 or</td><td>1</td></tr>
<tr><td>~|</td><td>축소 nor</td><td>1</td></tr>
<tr><td>·</td><td>축소 xor</td><td>1</td></tr>
<tr><td>·~ or ~·</td><td>축소 xnor</td><td>1</td></tr>
<tr><td rowspan="2">쉬프트 연산자</td><td>〉〉</td><td>오른쪽으로 shift</td><td>2</td></tr>
<tr><td>〈〈</td><td>왼쪽으로 shift</td><td>2</td></tr>
<tr><td rowspan="2">결합(반복) 연산자</td><td>{ }</td><td>결합</td><td></td></tr>
<tr><td>{ { } }</td><td>중복</td><td></td></tr>
<tr><td>조건 연산자</td><td>? :</td><td>조건</td><td>3</td></tr>
</table>

❑ 등가 연산자

- ==(또는 !=) 와 ===(또는 !==)의 차이: 피연산자에 x 또는 z가 포함되었을 때, ==(또는 !=)는 x를 출력하지만 ===(또는 !==)는 이것까지 비교하여 0 또는 1을 반환.

❑ 축소 연산자

- 피연산자가 n개 비트로 구성되었을 때, n개 비트에 동일한 연산을 적용.
- 예를 들어 X=4'b1101 일 때, &X 는 X[3] & X[2] & X[1] & X[0] 의 결과와 동일.

❑ 결합 연산자

- 결합 연산자 { } 는 피연산자를 하나로 묶어주는 기능을 제공.
- 예를 들어 X=2'b10, Y=2'b01 일 때, {X, Y} 는 4'b1001 을 의미.
- 반복 연산자 { { } } 는 피연산자를 반복하여 묶어주는 기능을 제공.
- 예를 들어 X=2'b10, Y=2'b01 일 때, {2{X}, 2{Y}} 는 8'b1010_0101 을 의미.

❑ 조건 연산자

- C 프로그래밍의 문법과 동일.
- 문법: 〈조건식〉 ? 〈조건이 참일 때 수식〉 : 〈조건이 거짓일 때 수식〉.
- 예를 들어 X ? (Y & Z) : (Y | Z) 는 X가 참일 때는 Y & Z, X가 거짓일 때는 Y | Z를 반환.

2.2 연속할당문

❑ 연속할당문

- 데이터 플로우 수준 모델링의 가장 기본이 되는 문장.
- 신호 강도 및 시간 지연 등 원래 문법은 더 복잡하지만, 간단히 다음과 같이 사용 가능.
- 문법: assign X = Y;
- X는 반드시 wire 또는 벡터 형태의 wire.
- Y는 wire 또는 reg를 포함한 연산식.
- X와 Y의 비트 수가 동일하여야 오류가 적음.

❑ 예제4

- 앞의 예제1에서 3개의 입력을 논리 and 연산하는 동작을 구현.

```
module MyAND(A, B, C, R);
input       A, B, C;
output      R;

assign R = A & B & C;

endmodule
```

2.3 initial vs. always

❑ 행위 수준 모델링

- 모든 행위 수준의 문장은 initial 또는 always 블록 안에 위치하여야 함.
- initial 또는 always 블록 내에서는 reg 또는 integer 등의 변수 값은 변경 가능하며, wire는 참조만 가능할 뿐 변경할 수 없음.

❑ initial

- initial 블록은 시간 0에서 시작하여 한번만 수행되는 특징을 가짐.
- 여러 개의 initial 블록은 시간 0에서 동시에 시작.
- initial 블록은 begin 으로 시작하여 end로 끝나야 한다. 이는 C 프로그래밍에서 { }를 사용하여 묶는 것과 유사.

❑ always

- always 블록은 시간 0에서 시작하여 블록 내의 문장을 무한히 반복.
- 시뮬레이션을 위한 클럭 생성이나 이벤트 발생 시 동작을 기술.
- 무한히 반복하는 성질이 있으므로 적절한 시간 지연이나 이벤트 등에 의한 조건을 걸어서 사용하여야 함.

❑ 예제5

- 앞의 예제3의 시뮬레이션을 위한 입력 신호 패턴을 생성하는 모듈을 예시.
- RST는 시간 0에서 0, 시간 5에서 1로 전환하여 상태 유지.

- MCLK는 0에서 시작하여 시간 5 마다 1과 0을 토글하는 클럭 신호.
- {iA, iB, iC}는 시간 10 마다 1씩 증가하는 3비트 신호이며, 3 'b111이 되면 더 이상 변화하지 않음.

```
module tb_MyTOP;
reg          RST, MCLK;
reg          iA, iB, iC;

initial
begin
   #0   RST = 1'b1;
   #0   MCLK = 1'b0;
   #5   RST = 1'b0;
end

initial
begin
   #10 {iA, iB, iC} = 3'b000;
   #10 {iA, iB, iC} = 3'b001;
   #10 {iA, iB, iC} = 3'b010;
   #10 {iA, iB, iC} = 3'b011;
   #10 {iA, iB, iC} = 3'b100;
   #10 {iA, iB, iC} = 3'b101;
   #10 {iA, iB, iC} = 3'b110;
   #10 {iA, iB, iC} = 3'b111;
end

always
begin
   #5   MCLK = ~MCLK;
end

endmodule
```

2.4 블록킹 문장 vs. 논블록킹 문장

❑ 순차적 실행 또는 동시 실행

- initial 또는 always 블록 내부에 여러 행위 수준 문장이 존재할 때, 각 문장의 실행을 위에서부터 순차적으로 실행하거나 동시에 실행하도록 선택 가능.
- 블록킹 문장은 열거된 순서대로 순차적으로 실행되는 경우를 의미하는데, =

연산자를 블록킹 할당에 사용.

- 논블록킹 문장은 앞선 문장의 실행이 끝나지 않아도 실행이 되는 경우를 의미하며, 〈= 연산자(관계 연산자와 같지만 문맥에 따라 다르게 동작)를 논블록킹 할당에 사용.

❑ 예제6

- A와 B의 초기값이 각각 1과 0이고, 시간 10 마다 A와 B의 값을 교환하려는 의도로 작성된 코드.
- 하지만 블록킹 할당 문장을 사용한 관계로 원래 의도대로 동작하지 않음.
- 시간 10에서 B의 값인 0을 A에 할당하고, 변경된 A의 값인 0을 B에 할당하므로 A와 B는 모두 0이 됨.
- 이후에 시간 10마다 동일한 동작을 하더라도 A와 B가 모두 0이므로 더 이상 값이 변화하지 않음.
- C 프로그래밍에서도 순차적으로 실행되는 관계로 두 변수의 값을 맞바꿀 때는 제3의 임시 변수를 활용하여야 하였음.

```
reg          A, B;

initial
begin
   A = 1'b1;
   B = 1'b0;
end

always
begin
   #10 A = B;
       B = A;
end
```

❑ 예제7

- 예제6의 코드를 논블록킹 할당 문장으로 사용하면 전혀 다른 결과가 나타남.
- 초기 상태로 A와 B가 각각 1과 0으로 시작하는 것은 예제6과 동일.
- 시간 10마다 A에는 B의 값을, 그리고 B에는 변경 전의 A의 값을 저장.

- 이 같은 동작은 〈= 연산자 우측의 B와 A를 미리 읽어두었다가 시간 10 시점에 A와 B에 저장한다고 생각할 수 있음.

```
reg           A, B;

initial
begin
   A 〈= 1'b1;
   B 〈= 1'b0;
end

always
begin
   #10 A 〈= B;
       B 〈= A;
end
```

2.5 타이밍 제어

❑ 지연 기반 타이밍 제어

- 앞의 예제6과 7에서 사용된 #〈단위시간 수〉.
- 단위시간은 별도로 설정.
- 지정된 단위시간 수 만큼 지연되어 문장이 실행됨.
- 지연 기반 타이밍 제어는 설계한 Verilog 코드의 시뮬레이션을 위한 입력 신호 생성에만 사용하도록 한다.

❑ 이벤트 기반 타이밍 제어

- reg 또는 wire로 선언된 신호가 변경되는 이벤트가 발생할 때 실행되도록 설정.
- 이벤트를 명명할 때 @ 기호를 사용함.
- @(A) : 신호 A의 상태가 1에서 0 또는 0에서 1로 변화할 때 실행.
- @(posedge A) : 신호 A의 상태가 0에서 1로 변화하는 상승 에지에서 실행.
- @(negedge A) : 신호 A의 상태가 1에서 0로 변화하는 하강 에지에서 실행.
- @(posedge A or negedge B) : 신호 A의 상승 에지 또는 신호 B의 하강 에지에서 실행.

❑ 예제8

- 클럭의 상승 에지에서 입력 D의 상태를 Q에 저장하는 MyDFF0을 예시.
- always 키워드에 이벤트 기반 타이밍 제어를 결합.
- Q 〈= D가 CLK의 상승 에지마다 실행되며, CLK의 상승 에지가 없으면 실행되지 않음.
- 논블록킹 할당 문장을 사용하였는데, 여기서는 실행 문장이 하나이므로 블록킹 할당 문장을 사용하여도 차이가 없음. 하지만 논블록킹 할당 문장을 사용할 것을 권장.
- 또한, 하나의 실행 문장이므로 begin과 end로 묶을 필요는 없으나 습관적으로 묶어주는 것이 오류를 방지하는 방법임.

```
module MyDFF0(CLK, D, Q);
input       CLK, D;
output      Q;

reg         Q;

always @(posedge CLK)
begin
   Q <= D;
end

endmodule
```

2.6 조건문 및 다중 분기

❑ 조건문

- C 프로그래밍과 유사한 if - else 문장 사용.
- if 〈논리식1〉 〈실행문1〉 else if 〈논리식2〉 〈실행문2〉 else 〈실행문3〉
- 논리식이 참일 때 바로 뒤에 따르는 실행 문장을 실행하며, 실행문장이 여러 개일 때는 begin과 end로 묶어야 함.
- else if 와 else 는 없을 수도 있으며, else if는 여러 개일 수도 있음.
- 논리식1, 2가 모두 참이면 앞에 사용된 논리식1이 우선권이 있음.
- 실행문1, 2, 3 중 하나만 실행될 수 있음.

❑ 예제9

- 앞의 예제2에서 reset 기능이 있는 MyDFF를 구현한 예제.
- CLK의 상승 에지에서 RESET 신호의 상태가 1이면 DFF의 출력을 0으로 clear 하고, 아니면 D를 Q에 할당.
- RESET의 상태가 1이면 D의 상태와 무관하게 0으로 clear하므로 D 보다 RESET 신호에 우선권이 있음.

```
module MyDFF(RESET, CLK, D, Q);
input       RESET, CLK, D;
output      Q;

reg         Q;

always @(posedge CLK)
begin
   if (RESET) begin
        Q <= 1'b0;
   else begin
        Q <= D;
   end
end

endmodule
```

❑ 예제10

- 앞의 예제9에서는 DFF이 CLK의 상승 에지에서만 반응함.
- RESET 신호가 1이더라도 CLK의 상승 에지가 발생할 때까지 clear되지 않음.
- 하지만, 일반적인 DFF에서는 RESET 동작이 CLK 신호가 없더라도 동작하여야 함.
- 아래와 같이 코드를 수정하면 always 문장은 RESET 또는 CLK 신호의 상승 에지에서 동작하므로 CLK의 상승 에지가 없더라도 RESET의 상승 에지만 있으면 Q의 상태는 clear됨.
- RESET 신호의 상승 에지에 의하여 always 내부 문장이 실행될 때, RESET은 이미 0에서 1로 변경된 상태이므로 if 문에서 RESET의 상태를 확인하면 참으로 인식됨.

```
module MyDFF(RESET, CLK, D, Q);
input       RESET, CLK, D;
output      Q;

reg         Q;

always @(posedge RESET or posedge CLK)
begin
   if (RESET) begin
       Q <= 1'b0;
   else begin
       Q <= D;
   end
end

endmodule
```

❑ 다중분기문

- C 프로그래밍의 switch-case와 유사한 case - default - endcase 문장 사용.
- case 〈수식〉 〈선택1〉: 〈실행문1〉 〈선택2〉: 〈실행문2〉 default : 〈기본실행문〉 endcase.
- if 문으로도 대체가 가능하지만, 선택이 많은 경우에 유용함.
- default는 사용하지 않을 수도 있지만 형식적으로라도 사용하는 것을 권장함.
- casez 문장 : case 문장의 변형된 형태로 수식 또는 선택에 사용된 모든 z 값을 don't care로 취급.
- casex 문장 : case 문장의 변형된 형태로 수식 또는 선택에 사용된 모든 x와 z 값을 don't care로 취급.

❑ 예제11

- 입력 3개 중 1개를 선택하는 MyMUX 예제.
- 선택 신호가 2 비트 사용됨.
- 선택 신호 2 비트 중 상위 비트가 0일 때, 입력 신호 0과 1중 하나를 선택하고, 선택 신호 2비트 중 상위 비트가 1일 때, 입력 신호 2를 선택.
- always 문장에 posedge 또는 negedge를 사용하지 않았으므로 A 또는 SEL이 변경될 때마다 실행됨.

```
module MyMUX(A, SEL, B);
input   [2:0] A;
input   [1:0] SEL;
output        B;

reg           Q;

always @(A or SEL)
begin
   case (SEL)
      2'b00 :       B <= A[0];
      2'b01 :       B <= A[1];
      default : B <= A[2];
   endcase
end

endmodule
```

3. 동기식 설계 및 레지스터 전달 표현

디지털 회로를 설계하는 방법은 마스터 클럭의 사용 유무에 따라서 동기식 설계와 비동기식 설계로 구분할 수 있다. 간단히 설명하여 동기식 설계는 마스터 클럭의 에지를 사용하고, 비동기식 설계는 마스터 클럭을 사용하지 않는다. 따라서 동기식 설계는 마스터 클럭의 주파수에 따라 동작 속도가 결정되고, 아무리 빠른 클럭을 사용하더라도 마스터 클럭의 에지가 발생할 때까지 상태가 변화하지 않는 시간 지연이 발생한다. 반면, 비동기식 설계에서는 입력의 변화에 즉각적으로 상태 및 출력이 변경되므로 동기식 설계에 비하여 빠르다고 볼 수 있지만, 큰 규모의 디지털 회로를 설계하기에 어려움이 있다. 그러한 이유로 요즘의 디지털 회로는 거의 대부분 동기식 설계 방법을 적용한다. 단적인 예로 모든 CPU 또는 MCU에서는 마스터 클럭을 사용하고 있으며, 조금 과장하여 설명하면 아무리 많은 플립플롭을 사용한 디지털 회로더라도 하나의 마스터 클럭 에지에 모든 플립플롭이 동기되도록 설계한다. 회로의 동작 속도를 높이기 위해서는 클럭의 주파수를 높이는 방법을 사용한다.

3.1 상태 머신(State machine)

상태 머신은 동기식 순차 논리 회로로서 현재 내부 상태를 저장하는 메모리 소자(통상적으로 플립플롭)와 다음 클럭 에지가 발생할 때 변경될 내부 상태를 생성하는 제어부(조합 논리 회로로 구성)로 구성된다. 제어부에서는 입력 신호와 현재 내부 상태를 조합하여 다음 내부 상태를 출력한다. 출력 신호의 연산에 내부 상태만을 이용하는 Moore machine과 현재 내부 상태와 입력 신호를 조합하는 Mealy machine으로 구분되는 것은 디지털 논리 회로에서 이미 학습하였다.

그림 5에는 동기식 상태 머신의 가장 일반화된 블록선도를 나타내었다. 현재 상태를 저장하는 메모리 소자는 클럭에 동기되어 동작한다. 아울러 시스템이 시작되는 초기 상태의 설정을 위해서 리셋 신호가 사용되었다. 다음 상태를 생성하는 제어부는 조합논리 회로로 구성된다.

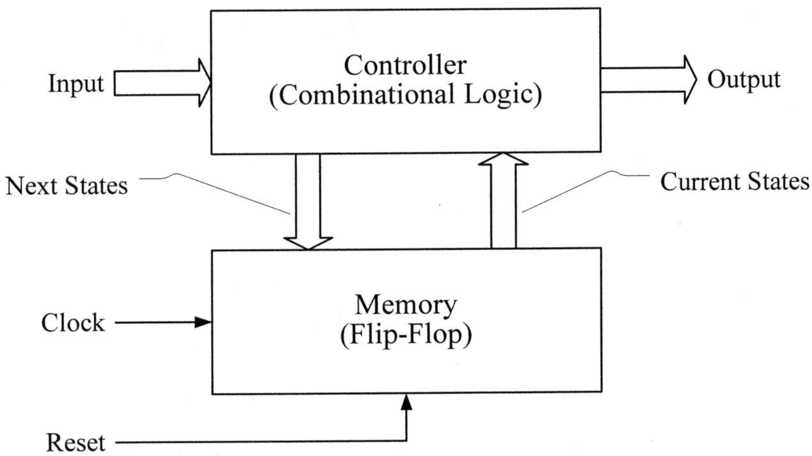

그림 5. 동기식 상태 머신

3.2 레지스터 전달 표현

레지스터는 n개의 플립플롭이 병렬로 연결되어 n 비트의 정보를 저장하는 메모리 소자로 생각할 수 있다. 그림 5에서 메모리 블록은 해당 디지털 회로에 사용된 모든 레지스터의 집합으로 볼 수 있다. 따라서, 디지털 회로에 따라서 간단한 회로는 10개 미만의 플립플롭이 사용되고, 복잡한 회로는 수천 개 이상의 플립플롭이 사용될 수 있다. 여기서는 n 비트 레지스터를 구현하고, 이를 바탕으로 일반화된 레지스터 전송 표현을 소개한다.

❑ 예제12

- n 비트 레지스터.
- n개의 플립플롭을 병렬로 나열하여 구성.
- n개의 플립플롭에 동일한 클럭을 사용.
- always 블록 내부에 [n-1:0]은 생략 가능.
- 클럭의 상승 에지에서 레지스터 상태를 변경.
- n은 parameter 또는 define으로 미리 정의하거나, 필요한 비트 수에 맞추어 적절한 값으로 직접 입력하여야 함.

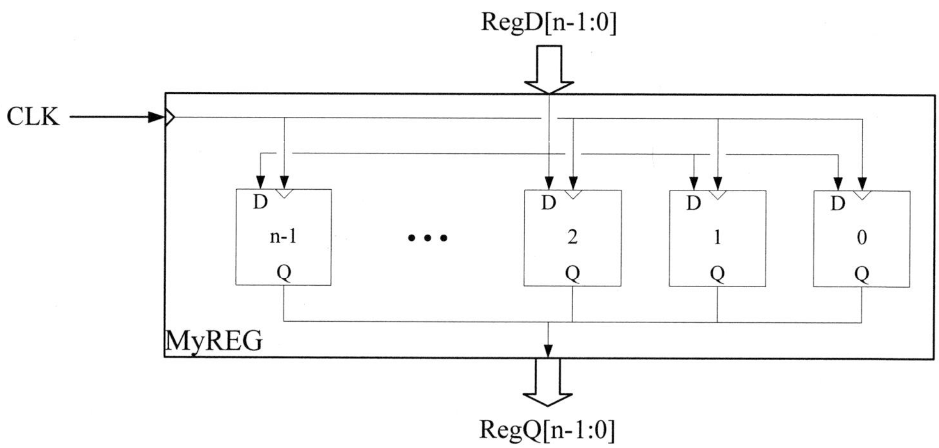

그림 6. n 비트 레지스터

```
module MyREG(CLK, RegD, RegQ);
input            CLK;
input   [n-1:0]  RegD;
output  [n-1:0]  RegQ;

reg     [n-1:0]  RegQ;

always @(posedge CLK)
begin
   RegQ[n-1:0] <= RegD[n-1:0];
end

endmodule
```

❑ 예제13

- 앞의 예제12에서 reset에 의한 초기화 기능 추가.
- 초기화는 통상적으로 reset신호에 맞추어 모든 비트를 0으로 clear하는 것이 보통이지만 1로 preset하는 경우도 있음.
- RESET은 일반적으로 low active를 적용.

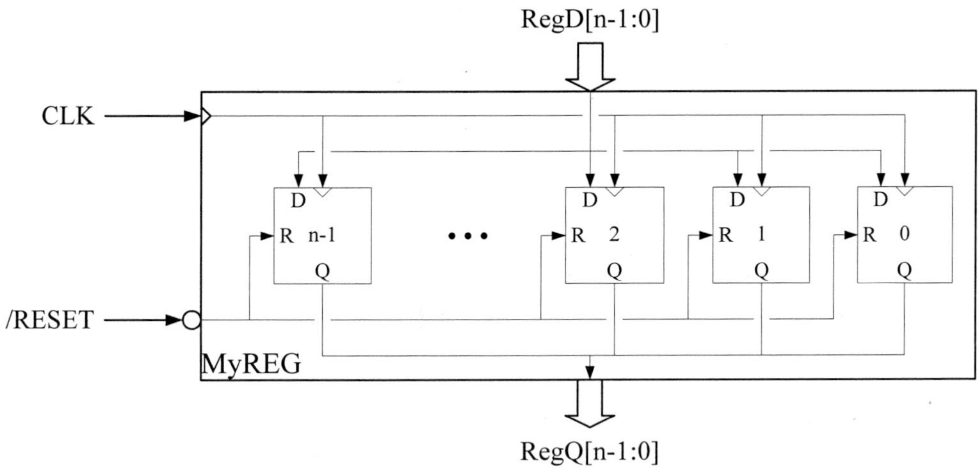

그림 7. 리셋 기능이 포함된 n 비트 레지스터

```
module MyREG(nRESET, CLK, RegD, RegQ);
input            nRESET, CLK;
input   [n-1:0]  RegD;
output  [n-1:0]  RegQ;

reg     [n-1:0]  RegQ;

always @(negedge nRESET or posedge CLK)
begin
   if (~nRESET) begin
        RegQ[n-1:0] <= n'H0000;
   end
   else begin              // 생략 가능
        RegQ[n-1:0] <= RegD[n-1:0];
   end
end

endmodule
```

❑ 예제14

- 앞의 예제13에서는 CLK의 상승 에지에서 무조건 레지스터의 상태를 업데이트 하였음.
- EN 신호를 추가하여 EN 신호가 1일 때만 CLK의 상승 에지가 적용되도록 수정.
- Verilog 코드에서 else 부분은 생략 가능.

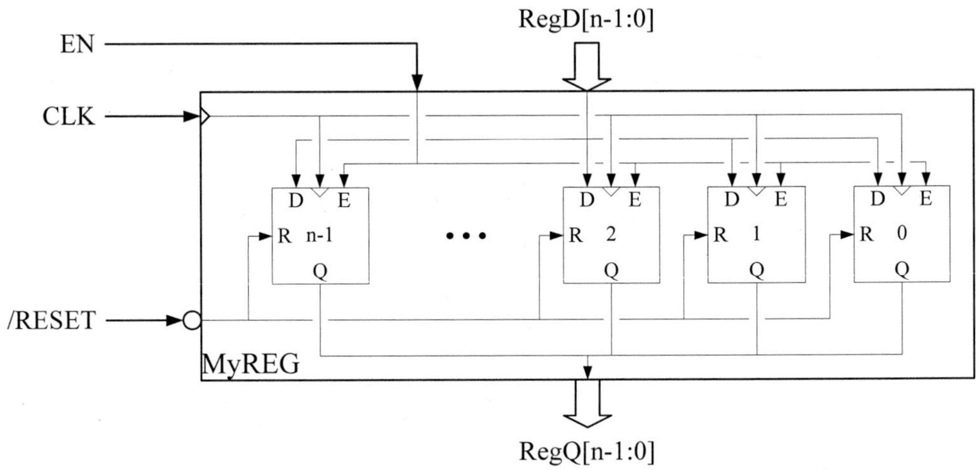

그림 8. EN 기능이 보강된 레지스터

```
module MyREG(nRESET, CLK, EN, RegD, RegQ);
input              nRESET, CLK, EN;
input   [n-1:0]    RegD;
output  [n-1:0]    RegQ;

reg     [n-1:0]    RegQ;

always @(negedge nRESET or posedge CLK)
begin
    if (~nRESET) begin
        RegQ[n-1:0] <= n'h0000;
    end
    else if (EN) begin
        RegQ[n-1:0] <= RegD[n-1:0];
    end
    else begin              // 생략 가능
```

```
        RegQ[n-1:0] <= RegQ[n-1:0];
    end
end

endmodule
```

- 그림 8의 블록선도는 엄밀한 의미에서 Verilog 코드와 일치하지 않음.
- 그림 7의 레지스터와 MUX를 사용한 블록선도를 그림 9에 나타내었음.
- 그림 9의 블록선도가 위의 Verilog 코드와 더 일치하며, 그림 5의 동기식 상태 머신에 더 가까움.

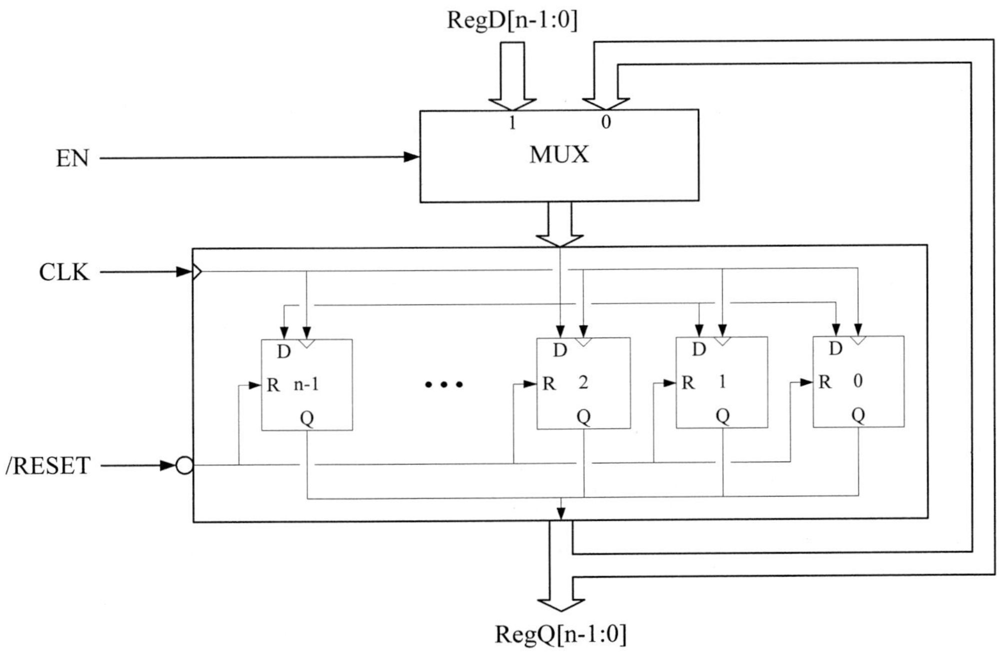

그림 18. MUX와 레지스터의 결합

❑ 레지스터 전달 표현

- 마스터 클럭 CLK와 비동기 RESET 신호를 가지며, 입력과 현재 상태에 따라 다음 상태가 결정되는 레지스터 전달 표현을 예시.

■ MUX에 해당하는 부분을 별도의 always 문으로 구현하거나, 하나의 always 문에 같이 구현 가능.

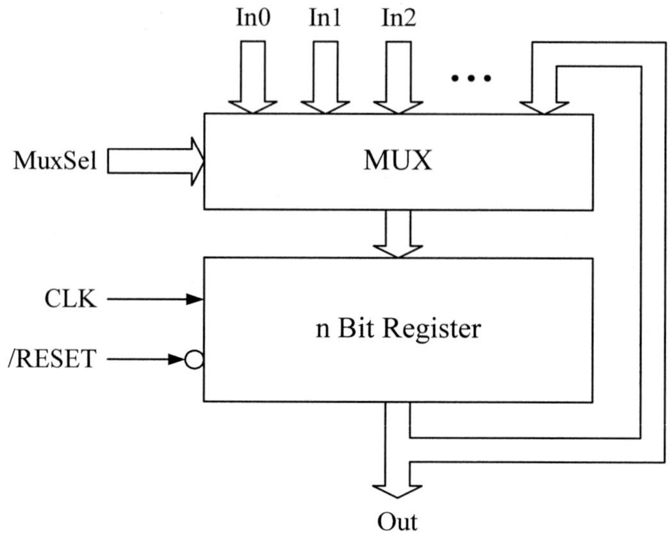

그림 19. 레지스터 전달 표현

```
always @(negedge nRESET or posedge CLK)
begin
   if (~nRESET) begin
        Out <= 0;
   end
   else if (MuxSel0) begin
        Out <= In0;
   end
   else if (MuxSel1) begin
        Out <= In1;
   end
   ...
   else begin          // 생략 가능
        Out <= Out;
   end
end
```

```
always @(MuxSel or In0 or In1 or … or Out)
begin
   if (MuxSel0) begin
       MuxOut <= In0;
   end
   else if (MuxSel1) begin
       MuxOut <= In1;
   end
   …
   else begin
       MuxOut <= Out;
   end
end

always @(negedge nRESET or posedge CLK)
begin
   if (~nRESET) begin
       Out <= 0;
   end
   else begin
       Out <= MuxOut;
   end
end
```

저자소개

류정래 (jrryoo@seoultech.ac.kr)

▌서울과학기술대학교 전기정보공학과 부교수

모터 제어 및 디지털 모션 제어 시스템

메카트로닉스

1판 8쇄 2025년 2월 15일

저 자	류정래
발행인	송광헌
발행처	도서출판 복두(더)
주 소	서울특별시 영등포구 경인로82길 3-4 센터플러스 807호 (우) 07371
전 화	(02) 2164-2580
FAX	(02) 2164-2584
등 록	1993. 11. 22. 제 10-902 호

정가 : 11,000원

ISBN : 978-89-8000-783-7 93550

한국과학기술출판협회 회원사